高效成长

八力模型助你爆发式成长

木沐 ◎ 著

中国原子能出版社　中国科学技术出版社

·北 京·

图书在版编目（CIP）数据

高效成长：八力模型助你爆发式成长 / 木沐著 . —
北京：中国原子能出版社：中国科学技术出版社，
2023.11
　　ISBN 978-7-5221-3073-6

　　Ⅰ . ①高… Ⅱ . ①木… Ⅲ . ①人生哲学—通俗读物
Ⅳ . ① B821-49

中国国家版本馆 CIP 数据核字（2023）第 198447 号

策划编辑	高雪静　李　卫	文字编辑	高雪静
责任编辑	付　凯	版式设计	蚂蚁设计
封面设计	创研设	责任印制	赵　明　李晓霖
责任校对	冯莲凤　张晓莉		

出　　版	中国原子能出版社　中国科学技术出版社
发　　行	中国原子能出版社　中国科学技术出版社有限公司发行部
地　　址	北京市海淀区中关村南大街 16 号
邮　　编	100081
发行电话	010-62173865
传　　真	010-62173081
网　　址	http://www.cspbooks.com.cn

开　　本	880mm×1230mm　1/32
字　　数	254 千字
印　　张	11.75
版　　次	2023 年 11 月第 1 版
印　　次	2023 年 11 月第 1 次印刷
印　　刷	北京盛通印刷股份有限公司
书　　号	ISBN 978-7-5221-3073-6
定　　价	62.00 元

前　言

　　自从创办了公众号"职场木沐说"、出版书籍《能力突围》以及开办各类职场课程后，经常有读者和学员找我探讨个人成长和发展的问题。他们中的大多数人会问到：同时起步的人，几年后竟然会呈现不同的发展速度和态势。那么为什么有些人原地不动，而有些人却跑得越来越快？这样的差距为什么会拉得越来越大？

　　他们会提出这个问题我一点都不意外，可以说这个问题具有相当大的普遍性，并且我几乎可以肯定地说，每个人的周围或多或少都会有这样的真实案例。而这恰恰也是我不论在职场上从事多年管理工作，还是后来踏入职场教育领域辅导众多学员的过程中，一直都在不断思考和亲身实践的重要课题之一。

　　一个人是不可能通过重复的旧模式而期待获得一个崭新的结果的，所以如果想改变现状，加快成长速度，获得持续进步，就一定要提升认知和能力，摆脱低效努力状态，全方位掌握和实践系统有效的方法，从而突破原有的自然模式。而影响一个人的成长速度有一个颇为关键的衡量指标，那就是你所花在成长上的时间是否有效率。如果你付出的时间足够多，你足够努力，那么你成长的速度就会更快，收获的成果也会更大。我用四个字来概括，那就是"高效成长"。

　　我经常会跟学员说："对于个体而言，成长是解决问题的唯

1

一手段。"为什么这么说呢？因为当你快速发展并获得成长的时候，你的认知和能力都达到了新的高度，你看待事情的角度、解决问题的方式方法也变得更加多样化和更加有效，那么你面临的很多问题就会迎刃而解，甚至不会再次出现。所以，作为个体，我们只能通过高效成长来使一个个的问题得到解决。同时，当问题被解决之后，个体也会随之获得持续成长，这两者是相辅相成的。

我经过多年研究、亲身实践以及在辅导无数学员的过程中，设计和总结出了一个"八力模型"，从八大方面全面提升一个人的视野、认知和能力水平，从而使学员获得爆发式成长，让成长的过程变得更加高效、务实、有结果。

这个模型里包含的八力分别是：规划力、职场力、学习力、情商力、资源力、平衡力、品牌力和家庭力（如图0-1）。

第一力：规划力。它可以帮助你在每个阶段制定一份看得见、摸得着的人生规划，作为人生发展的指路明灯，从容踏出每一步，摆脱迷茫和焦虑，提高你对人生的掌控感。

第二力：职场力。事业成就在人生规划中占有极其重要的位置，职场力就是通过落地可行的职业规划，使你在面临竞争时具备足够的主动权、选择权，在职场上不断进阶，成就理想事业。

第三力：学习力。明确了人生和职业发展的方向和目标后，要通过不断学习来升级认知和思维，提高自身的综合实力，学习毋庸置疑将伴随你一路成长。掌握高效学习的过程、步骤和方法，将是你学习力的重要组成部分。

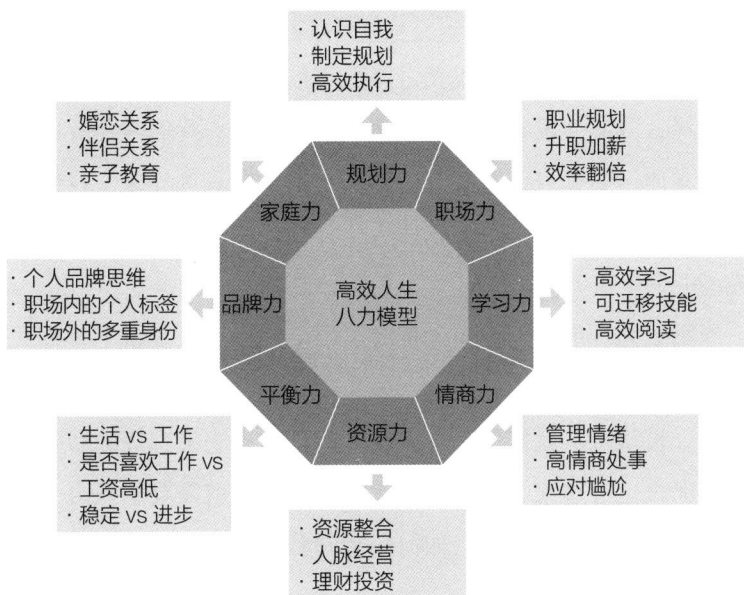

图 0-1　八力模型示意图

　　第四力：情商力。 规划力、职场力和学习力这三个模型奠定了一个人的战略性、目标感和行动力这些"硬性"的基础，高效成长模型里，你还需要掌握"软性"能力——情商力。让自己情商在线，在管理好自我情绪的基础上，营造一个和谐的人际生态环境，能通过高情商的处事方法应对艰难和尴尬场景。

　　第五力：资源力。 当你目标清晰，专业能力足够强，也擅长处理周围人际关系之后，想要获得更大的空间加速成长，就必须具备汇聚资源的能力，这就是第五个模型——资源力。通过整合多方资源，擅长借用和调用各种外力，创造组合新的资源用以解决更高层面以及更为复杂的问题，为你带来事半功倍的效果。

第六力：平衡力。成长之路上难以避免总会遇到所谓的两难选择，其实并没有完美的答案或解决方法。我们需要看透事物的本质，明确自己在某个阶段努力的方向和优先级，找到某个平衡点，一切为实现自己的人生目标而服务，这就是第六个模型——平衡力。

第七力：品牌力。当你拥有了以上六力，就具备了"打铁还需自身硬"的实力，但也不要忽略如何才能让自己的价值被看到、被认可。就好比一个好的产品，如果它没有好的品牌价值，那么也会被束之高阁或者无人问津，这就需要掌握第七个模型——品牌力。要学会如何塑造并营销个人品牌，让自己价值持续放大。

第八力：家庭力。一个人家庭关系的方方面面，比如婚姻关系、夫妻关系以及亲子关系等，对促进事业发展的重要性不言而喻。在家庭力模型这部分，我将探讨如何能客观而理性地处理好婚姻关系和家庭关系，真正实现"工作是为了生活"这个最终目的。

本书就是按照以上八力模型的顺序为你展开详尽的铺展和陈述。对于工作几年的职场新人来说，这是一本具有前瞻性的高效成长秘籍，全方位助力你的成长，让你明确知道应该从哪些方面规划自己的人生、事业和生活重点，从而少走弯路，不再循规蹈矩，提高人生跃迁和突破的效率。对于那些虽然工作多年，但仍然渴望持续进步的人来说，这也是一本帮你查缺补漏的成长手册，为你的进步添砖加瓦，帮助你丰满羽翼，让你变得更加强大，更加有底气。

人生没有白走的路，每一步都算数。

本书不仅会让你没有白走路，而且还能让你走的每一步的速度都将远远超过其他人，让你一年的努力能顶别人的五年、十年，早日成长为优秀的自己，抵达人生的理想彼岸。

木沐

2023 年 2 月

于北京

目　录

第 4 章 ⟶ 情商力 —— 情商在线

第 5 章 ⟶ 资源力 —— 资源整合

第 6 章 ⟶ 平衡力 —— 重塑平衡

第 1 章

规划力——人生规划

1.1

↑

认识自我，是人生规划的前提

2019 年,《中国经济生活大调查》与数据联盟伙伴智联招聘联合调查结果显示，职场人越年轻越焦虑，最焦虑的是 90 后，占比 54%。

无独有偶，知乎上有个热门问题:"为什么越努力，越焦虑?"这个问题有 1300 多万的浏览量，11 万多的用户关注了这个问题，有 6008 个回答，足见这个话题激起了大家的共鸣，戳中了普通人的痛点。

"焦虑"似乎已经成为这个时代的标配情绪，挥之不去，如影相随。如果我们进一步深究，会发现焦虑的本质是因为担心结果不如预期，对未来充满不安，感觉没方向，失去了对人生的掌控感。所以，如果我们反过来看，如果能做到两点:一是对未来的确定性增加，二是对人生的掌控感提高，焦虑感将会自然随之降低。

那么通过什么方法才能做到以上两点呢?

答案呼之欲出:那就是高效成长模型的第一力——规划力。我们需要制定一份属于自己的人生规划。

提到人生规划，你是不是觉得太虚无缥缈，不现实? 或者觉得即使有了人生规划，也不过是停留在纸面上的漂亮的计划书，最终也将被束之高阁？其实这些都是对人生规划的误解。有了一份看得见、摸得着的人生规划，就可以将其真正作为人生发展的指路明灯，人生就会过得更有方向、更脚踏实地，帮助我们逐渐提高对人生的掌控感。

在规划力这一章，我将分三节介绍，分别是认识自我、制定人生规划的步骤，以及如何提高完成计划的效率。

普通人想做好自己的人生规划，其重要前提是解决好自我认识的问题，这也是本节的主要内容，包括：

— 焦虑的原因。
— 冰山模型。
— SWOT 分析法。

1.1.1 焦虑的原因

下面的情形，你是否觉得又熟悉又扎心？

— 你刚刚学会在招聘网站上注册账号，相邻工位的小王就邀请你吃散伙饭，庆祝他成功跳槽到世界 500 强公司之一，轻松实现工资翻倍。
— 你的月薪刚突破一万元，你曾经看不起的高中同学就已经创业成功并得到了一亿元的风险投资资金。
— 你好不容易被提拔成主管，跟你同一年加入公司、比你小 5 岁的同事却转身成了副总裁。

一　你找到了创业方向准备裸辞大干一场，大咖们却开始
　　鼓吹互联网经济已经进入了下半场。

快节奏和多元化的世界，一方面给普通人实现逆袭提供了
大量机会和可能性，另一方面却催生了焦虑的大幅蔓延。如果
你本着"别人有，我也必须有；别人快，我也必须快；别人多，
我也必须多"的理念看自己，会突然发现自己的生活一无是处。

尤其是互联网的出现将这种"快"放大到了极致。人们已
经不知不觉地认为"快"是理所当然的。如果不快，人们会认
为一切就来不及了，好像自己的世界就要被毁灭了。于是，你
曾经买过的课程、大咖们分享的干货经验，你已经没有心思重
新打开再去学习了。因为焦虑，你根本看不下去，更别说亲自
去尝试和实践了。

其实，如果你能理性客观地仔细思考，会发现你和他人所
在行业的特点和规律可能完全不同；你和他人在能力、资源和
背景方面可能也存在天壤之别；你和他人在际遇、发展路径以
及你们所在的圈层可能早已处于不同阶段……而如果你不了解
这些情况，没有客观、理性地分析就盲目跟风，亦步亦趋或是
陷入无谓的竞争，反而只能徒增烦恼，让你感到越来越焦虑，
却对现实没有一点实际帮助。

说到底，感到焦虑的根本原因是你没认清自己。因为无法
认清自己而盲目焦虑，从而感到对未来越来越无力，也失去了
掌控感。

认识自我，是你开始认识这个世界并规划你人生的非常

重要的一个起点，没有这些，你就没有方向，你又怎么能去坚持？

朱德庸先生曾写过一段话，引人深思。

我们焦虑，因为我们成不了我们希望成为的人，我们焦虑，因为我们也不知道我们想成为一个什么样的人。归根结底，焦虑的本身是对未来莫名的不安，是对自己能力不自信的表现，是"失去了掌控感"这件事。

那么，如何才能做到对自己有客观而清晰的认识呢？这里给你介绍两个工具：冰山模型和 SWOT 分析法。

1.1.2 冰山模型

冰山模型是人才管理领域中的一个基础模型，由美国著名心理学家戴维·C.麦克利兰（David C. McClelland）于 1973 年提出。该模型全面描述了一个人所有的内在价值要素，几乎所有大公司都会用它来进行人才招聘和培养。

通过图 1-1，你可以看到冰山的上、中、下三个部分。

冰山露出海面的部分最容易观测，它是可见的、外显的，包括知识和技能两部分。冰山中间的部分是指通用能力，它在海面上半隐半浮：有些能力比较容易体现出来，比如说沟通能力；有些能力则是隐性的，不容易被外人看出来，甚至你自己都不知道是否拥有这个能力，比如领导力。冰山完全隐藏在海

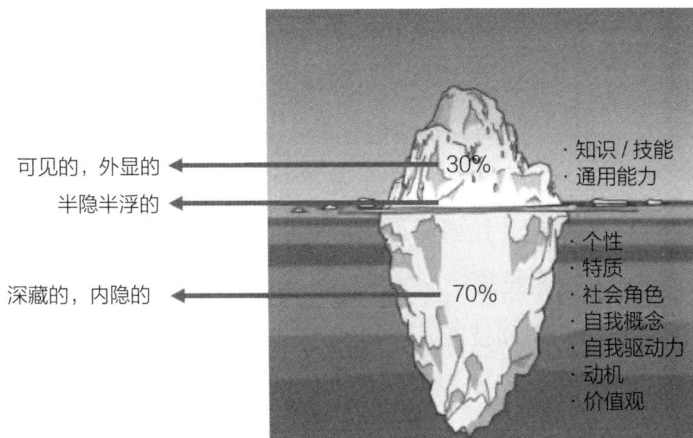

可见的，外显的
半隐半浮的
深藏的，内隐的

30%
70%

· 知识 / 技能
· 通用能力

· 个性
· 特质
· 社会角色
· 自我概念
· 自我驱动力
· 动机
· 价值观

* 冰山模型由美国著名心理学家麦克利兰提出

图 1-1　冰山模型

面之下的部分，指天赋一类的要素，最不容易被观测到，但却
对人的行为表现起到至关重要的作用，主要包括价值观、性格
和动机。在此基础上，扩展出自我驱动力、社会角色、个性和
特质等。冰山上层以及冰山中间浮出水面的部分，占工作表现
的比重并不大，约 30%，是可以学习和改变的；冰山的下层部
分是内化的认知模式和观念，是作为不同个体的特质，也是难
以改变的，这部分才是影响人的事业和工作的最主要因素。

　　以下就冰山的上、中、下三层所具体代表的含义逐一进行
介绍。

1. 冰山上层：知识和技能

　　知识是指你所了解和掌握的各领域的基本信息和专业知识，

比如财务知识、人力资源知识等。这跟你大学所学的专业、常看的书、从事的工作甚至业余爱好都有关。技能是指你所具备的某个领域的硬性能力，比如会编程、会用 Excel 或会做 PPT 等。知识和技能两者的区别在于知识是描述性的，而技能是程序性、实操性的。比如懂得汽车安全驾驶原理是一种知识，而会开车就是一种技能。

可见，知识和技能是可以通过后天学习而获得的，也是非常显性的。比如，要看一个人的财务知识水平如何，就问他一些专业问题，以及让他拿出来大学考试成绩就可以了；要看一个人使用 Excel、制作 PPT 或公众号排版等这些技能如何，让他实操演示一下就能知道其水平如何。正是因为这种"显性"，知识和技能才会在冰山的最上面。

2. 冰山中层：通用能力

通用能力是在多个领域、不同岗位都需要具备的能力。比如创新能力、表达能力、组织能力、学习能力、决策能力等。

相对知识和技能来说，我们如果想要具备和掌握通用能力，需要更长的学习和培养周期，并且相对隐性。一个人的水平高低并不是一眼就能看得出来的，往往需要通过一定的事件、一些机会、在一段时间内通过仔细观察其行为才能够发现。比如，要判断一个人的组织能力到底如何，很难用一个证书或几道题目来考察，只有在他带领团队做一个项目的过程中，才能体现出他的领导力、资源整合能力、做事方式等。

知识和技能，跟通用能力最大的区别在于前者属于特定领域，比如你可以掌握财务、人力资源、金融、技术、外语方面的知识，而后者则更多是通用领域的，比如"创新""表达""学习"等能力，适用于任何领域，一旦掌握就能够进行迁移。

3. 冰山下层：天赋

天赋包括动机、性格、个性、特质、自我驱动力等。之所以统称为"天赋"，是因为当一个人成年之后，这些因素很难被改变，受基因、家庭教育、童年经历等的影响很大。

基于冰山模型，你可以对自己做一个客观的梳理和盘点，看看自己目前掌握哪些知识和技能，具备哪些通用能力，以及自己具备哪些天赋，这样才能帮助你更加清晰地了解自己。

1.1.3 SWOT 分析法

除了冰山模型，还有一个工具可以辅助我们通过结合外部环境来了解自身的优劣势，从而找到达成人生目标的策略和路径。这个工具就是 SWOT 分析模型。

SWOT 是由四个英文单词的首字母组成，即 Strength（优势）、Weakness（劣势）、Opportunity（机会）、Threat（威胁）。

SWOT 分析法既可以用来为企业做战略分析，还可以用于检查个人的技能、能力、职业、喜好和机会发展，帮助我们清楚地知道自己的个人优点和弱点在哪里，以及自己所感兴趣的不同职业道路的机会和威胁所在，从而增加个人做事情的驱动力和成功的可能性。

图 1-2 就是针对个体所做的 SWOT 分析模型图例。

	对达成目标有帮助	对达成目标有害
内部因素	strength 优势（S） · × · × · ×	Weakness 劣势（W） · × · × · ×
外部环境	Opportunity 机会（O） · × · × · ×	Threats 威胁（T） · × · × · ×

图 1-2　个人 SWOT 模型

1. SWOT 分析法介绍

SWOT 分析模型分为内部因素和外部环境两个维度。

内部因素包括优势和劣势，是针对自身的分析，也就是所谓的"知己"，是你自己可以控制的因素。优势就是你有优势的领域，或者一些独特的可利用的资源。人们对优势通常有个误解，认为优势一定或者必须是超越其他人的地方，实际上并不尽然。准确的理解是，不考虑别人的水平如何，就自己而言，哪些是比较擅长或相对比较突出的。而劣势就是你自己比较弱，或者跟别人相比会相对较弱的地方，他人比你做得好的方面。

外部环境包括机会和威胁。是针对所处外部环境和形势的分析，并不受个人控制。机会是你可以利用的外部可能性，有哪些有利的人或事可以帮助你实现目标。威胁则是外部可能阻止你实现目标的人或事。

通过内外部两个维度的观察，显然优势和机会这两个要素有利于我们达成目标，而劣势和威胁这两个要素，非常有害或不利于我们达成目标。

2. SWOT 分析法的价值

SWOT 分析法并不是找到优势和机会就结束了，而是要将优势充分发挥，机会充分利用。对于发现的劣势和威胁，则要尽可能地去规避和预防。这里有三点需要强调：

（1）回避威胁比发挥优势更重要

为什么这么说呢？因为优势是依靠不断的积累而形成的，可威胁一旦出现，就会暴露并放大劣势。威胁之所以危险，是因为它是外部环境因素，很容易被人忽略。同时，外部的威胁处在动态变化中，一旦出现，很可能使我们之前的努力功亏一篑，使优势或机会荡然无存。所以回避威胁比发挥优势更重要。

（2）不结合机会的优势，是无用优势

优势和机会之间是乘数关系，彼此加持。如果机会是 0，那么优势再大，也毫无价值。一个人的优势可能有很多，但在选择在哪项优势上进行发力的时候，要去认真判断，尽量避开那些机会是 0 的优势。因为机会如果是 0，那么这个所谓的"优势"，在事实上就不构成优势了。

举个例子。在一次面试中，应聘者虽然在很多方面都表现得非常优秀，但却流露并展现出了喜欢自己单干、能独当一面的特质。而在面试官的心中，对该岗位候选人有一项重要的要求，就是要具备团队合作精神。这样一来，应聘者在面试过程中辛苦积累的各种优势对面试官来说就不是优势，反而是劣势，于是优势就失去了应有的价值。

（3）明确行动方向的公式

综合上面的分析，如果你要提升实现规划和目标的可能性，就可以参考这个公式：目标实现的可能性 = 优势 × 机会 − 劣势 × 威胁。

这个公式的意思是充分利用机会并发挥自身优势，同时尽量降低外部威胁和自身劣势带来的负面影响，这样你对某个规划和目标实现的可能性就会大为提高。

3. 如何思考自己的 SWOT 分析法

当你想要解决某个特定的问题或实现目标时，在采取具体行动前，我建议你先运用 SWOT 分析模型这个工具进行分析，遵循以下五个步骤。

第一步，明确目标。也就是你做某件事到底要实现和达到什么目标。这个目标要尽可能具体，具有时限性，而且你要明确知道衡量这件事成功的标准有哪些。

第二步，梳理优劣势。也就是梳理出实现该目标你有哪些个人优势，以及可能成为阻碍的劣势有什么。列举优势时，可以将你所拥有的知识、技能、经验、资源和支持等，按照类别分别列出来，尽量保证没有遗漏；列举劣势时，尽管写出来可能令你感到不愉快，但我还是建议你要客观理性，诚实地面对现实。

优势和劣势是内部因素，也就是说，它们与你本人相关，是你可以获得的技能和资源。

那么如何审视自己的优势？我提供一些角度供你参考：

— 你擅长什么？最强的能力是什么？

— 你有什么特别的经历？

— 你平时投入最多的活动有哪些？

— 你收到来自他人最多的赞美是什么？（来自领导，合作伙伴……）

— 你最擅长使用的工具或软件有哪些？

— 你最近有什么成功事件？因何成功？

— 你可以利用哪些个人资源？

审视自己的劣势，考虑的角度参考如下：

— 你最不擅长的活动是什么？

— 你最差的能力是什么？

— 你得到最多的批评是关于哪些方面？

— 你最近有什么失败事件？因何失败？

— 你通常会因为没把握而避免执行哪些任务？

— 你有哪些不好的工作习惯？

第三步，明确外部机会。也就是罗列所有可以使你达成目标的外部机会，并且当你达成目标后它还能为你所用。外部机会通常与周围的环境和人有关，而非由你自己主导。比如：

- —— 外部、市场有什么吸引人且适合你的机会？
- —— 外部可以给你提供什么新技术、新技能？
- —— 外部行业、平台有什么好的发展趋势？
- —— 最近有什么升迁、赚钱、提升的机会？
- —— 有什么好的外部资源可以来帮助你，提供很好的建议？如人脉、产品等。
- —— 你的公司、行业是否紧缺你这样类型的人才？
- —— 当组织发生变化，比如上司升职或离职，同事离职或休长病假，这意味着你又有机会可以做新的事情吗？
- —— 外部是否有一个新的角色或项目？

在梳理有利于目标实现的机会时，你需要兼顾短期利益和长期利益，保证不与长期目标冲突。避开劣势，根据自己的优势来抓住这些机会。

第四步，识别所有威胁。威胁就是那些令你担心的、会阻碍你实现目标的外部事件。比如：

- —— 最近外部、市场不利于你发展的因素有什么？
- —— 竞争者或同行最近有什么新举措？
- —— 最近工作或生活遭遇了什么困难、变动、阻碍？
- —— 你的同事是否与你竞争参与某个项目或职位？
- —— 变化的技术、结构是否威胁到你的位置？

— 你的劣势是否会导致你陷入某种威胁?

第五步，给优先级排序。当你罗列和分析优势、劣势、机会和威胁的时候，每一项都会包含众多要素，比如你发现你有十项优势、八项机会，你要去识别其中哪些是最重要的关键点，然后依据重要性进行排序。在优势或机会中，排序出前 2~3 项，将其作为优先级去发展，同时在劣势和威胁中，也要排出前 2~3 项作为优先级去规避，这些列出来的事项就是你要开展行动的优先事项。

SWOT 分析法不仅可以让你更了解自己，客观地认识自己的优势和劣势，更能帮助你及时发现外部潜在的机会和威胁。有了这个工具，当你在面对选择、竞争、压力和苦恼时，就可以用这个方法进行分析，让自己的思维变得训练有素，知道应该去思考什么，也知道应该怎么思考，这样你就不会再充斥着无助的情绪和混乱，不会继续被负面的焦虑情绪所控制。

1.2
↑
五步制定人生规划，不再迷茫焦虑

在第一节中，我们深入分析了如何才能认识自我。那么，在不确定的时代里，想要100%地认识自我，掌控自己的未来，这既不现实也没必要。你只需在自己的能力范围内，运用正确的方法尽可能地提升对未来的掌控感即可。而制定符合自身情况的人生规划和目标，就是一件你力所能及地将不确定性尽量降低、让自己对未来的把握性提高的方法之一。

有了一份人生规划、一个明确的人生目标，你就有了努力的方向和动力，并心甘情愿、不折不扣地开始去做。不以物喜，不以己悲，你不要轻易受到外界负面事物的影响。无论做什么事，遇到什么人，产生什么样的挫败心理和消极情绪，都不要再浪费时间去抱怨和乱想。

这时，你学会了开始务实地分析自身现有条件，去理性客观地分析和设想，自己未来一到三年应该有何进步？三到五年应该有何改变？五到十年能否脱胎换骨？这一到十年的发展和蜕变并非一蹴而就，而是依靠一步一个脚印地踏实向前、不断行动积累而成，这包括认知的提升、知识面的拓宽、经验的积累，以及阅历和精神的历练。

任何一种目标明确的人生规划，都需要果敢的智慧和直面未知的勇气。即便前路漫漫，你也会始终贯彻规划，持续执行计划，只有如此才能实现规划中的每一个阶段性目标。

人生规划是根据社会发展的需要和个人发展的志向，对自身有限资源进行合理的配置，对自己未来的发展道路做出一种预先的策划和设计。在此过程中，你可以更理性地思考自己的未来，初步尝试性地选择未来适合自己从事的事业和生活，并尽早开始培养自己的综合能力。

那么，应该如何制定人生规划，才能不再焦虑迷茫，将人生主动权牢牢把握在自己手里呢？你可以遵循以下五个步骤：

— 把人生按时间分成若干阶段（年）。

— 以每个阶段为单位，列出期望清单。

— 按照年把目标分解成子任务。

— 把分解后的子任务拆解成细化的行动。

— 利用辅助工具，管理人生规划表。

这一节我们就针对以上五个步骤逐一来进行解析。

1.2.1　第一步：把人生按照时间分成若干阶段

把你的人生按照一定的时长定义为一个阶段，这个时长可以根据你的偏好或习惯设定为三年、五年、七年、十年，既不要太短，也不要太长。我建议五年或者七年最好。这样做的好处就是你对时间的敏感度和紧迫性会增强，并督促自己在这个时间内用尽全力去实现阶段性目标。

当一个阶段结束后，也就是下一个阶段的开始，你可以复盘自己在上一阶段的行动和结果，及时调整下一步的策略和方向，然后投入新的阶段，这样你的行动力和效率都会不断提高。

现实生活中，很多人在规划自己的人生时，都是从整个一生的长度来进行规划的，你会觉得自己的时间非常充足。所以就算制定好的目标也会一直拖延，很难马上行动起来，这样也就无法在短时间内复盘自己的行动，修正自己的方向。

另外，人生充满了意外，正如那句话所说的："你永远不知道，明天和意外哪个先来。"一个人能活多久是一件未知的事，但如果你始终没有开始去做，那么拖着拖着，结果就是你越来越没有足够的时间和机会去做了，最后只能不了了之。

但如果按照分阶段的方法，树立每个阶段中那几年内要实现的目标，预测未来几年内会发生的事情，则没有那么复杂和困难，这会增强你对人生的掌控感，让你的生活态度变得更积极乐观，也减少了不必要的迷茫和焦虑。

假设你大学毕业时 22 岁，如果以 7 年为一个阶段，那么可以把中青年切分成 29 岁、36 岁、43 岁、50 岁、57 岁这 5 个阶段，然后制定每一个阶段的规划，如果再加上老年的部分，串起来就能成为一份完整的人生规划。

1.2.2　第二步：以每个阶段为单位列出期望清单

在每一个 3 年、5 年或 7 年的阶段中，你需要梳理和罗列这个阶段你有哪些期望和目标，我称为"期望清单"，它可以帮助你找到自己的方向和目标。

这份期望清单包含与你的人生追求、价值观实现、生活品质密切相关，并且你极为关注和重视的项目或事件。我建议你按照工作、学习和生活这三大维度去梳理，在每个维度下进一步列出财富状况、事业成就、健康状况、情感婚姻、时间支配、孝敬父母、社交关系、娱乐休闲等细项。随着时间的推移，你可能还会增加亲子关系、孩子教育、投资理财等事项。

我曾经让学员列出他们未来 5 年的期望清单，有一位 25 岁的女学员的期望清单如下：

（1）财富状况：实现年薪 50 万的收入目标。

（2）事业成就：进入行业头部大公司，晋升为管理者。

（3）时间支配：在主业之外，探索个人品牌和副业发展。

（4）健康状况：身体健康、不生病、保持年轻活力。

（5）体态（容貌）：体重不超过 50 千克，保持苗条身材、美丽外貌和年轻状态。

（6）情感婚姻：找到自己的知心爱人，组建家庭。

（7）孝敬父母：给予父母优质的陪伴，提供更好的物质条件。

（8）性格心态：心态平和，语言幽默，拥有良好的工作、生活和人际氛围。

（9）社交关系：自己的朋友遍布多个行业、领域，加入并融进优质圈层。

（10）兴趣爱好：旅行、跳舞、阅读、看电影。

你也可以按照以上这 10 项来做分类，制定一份属于自己的期望清单。比如在事业成就方面，有些人的愿望是创业成为一家公司的老板，而有些人则是跳槽到 500 强公司担任总监级别以上的管理职位等，这都是没有问题的。

总之，你一定要列出这个阶段的期望或心愿，帮助自己找到未来的发展方向和目标，并有的放矢地开始行动。

认真写完这份清单，你可能会大吃一惊，担心自己是不是野心太大了，哪有这么多时间和精力去完成这么多目标？随即开始失去信心。坦白讲，这种担心并非没有道理，所以我建议你把这份期望清单里的目标按照重要性和优先级进行重新排序。

你可以把这些期望或目标按照最重要、中等重要和不太重要的顺序来排序，将大部分时间和精力都放在最重要的事情上，其他相对次要的期望和目标则穿插在其中进行，在前进中不断修正自己的方向和目标。

如果你不是一个长期主义者，认为人生世事无常、变化太快，没必要制定超过七年的规划，那么至少你可以将人生规划先按照时长分出几个阶段后，并把注意力聚焦在第一个阶段，比如前三年至五年。

你不能因为世界的变化和不确定性就放弃去做这样的思考和前瞻。试想一下，如果你不做这样分阶段的人生规划和期望清单，就非常容易受周围人的影响，甚至被其左右，头脑发热，跟风效仿，或者陷入无谓的焦虑，从而做出错误的抉择，到头来多走了不少弯路。

1.2.3 第三步：把期望清单的目标按照年份来分解成子任务

在某个阶段，仅仅有了本阶段的期望清单和目标是不够的，你还需要有一条具体可实施的路径，这样才能按部就班地践行下去，而不至于手足无措。

这条路径就是把期望清单或目标分解为一个个具体可执行的子任务，让你轻易就能上手操作，而不是停留在概念和想象的层面。这些拆分的子任务，要具体可衡量且有时间期限，不能只是喊喊口号、只谈理想、虚无缥缈。

下面我们来举几个例子。限于篇幅，文中的例子为最理想状态下的示意，请各位读者在做计划时根据自己的实际情况做出调整。

比如你把五年作为一个阶段，在本阶段的期望清单中，在事业成就这方面，你设定的目标是：五年内跳槽到世界500强公司之一担任财务总监一职。为了达成这个职业发展目标，你需要将其拆分成一个个子任务，比如：

（1）列出目标公司和岗位的职责要求，跟自己目前的状态做对比，找到能力和资质差距，并制订有针对性的提升计划（截止到第一年年底）。

（2）建立和拓展人脉网络，比如结识500个高端猎头顾问，主动联络目前在500强公司任职的朋友和同学，请他们在未来合适的时机帮你做内部推荐（截止到第一年年底）。

（3）财务专业领域：通过注册会计师考试中的几科（第二年）。

（4）考上清华大学的在职工商管理硕士（第三年）。

（5）提升英语口语表达能力和写作水平，达到世界500强公司的要求（第三年）。

（6）精心打磨简历，开始投递到目标公司和岗位（第三年底开始尝试，第四年集中进行）。

为了实现五年事业目标，你将其分解成了六个子任务，这些任务明确、具体，且有完成时间。同理，在你的期望清单中，除了事业成就，你还有情感、社交等其他方面的目标，都可以进行如上这样的任务分解，在描述这个任务的时候，同样需要具体、可落实、可量化或者具有务实的衡量标准，记住一定要添加期望目标达成的时间。

1.2.4　第四步：把分解后的子任务拆解成细化的行动

对于在第三步列出来的子任务，你还需要把它们进一步细化成若干步骤和实际行动，比如至年、季、月、周甚至天的程度。

针对上面的例子，我来解释一下如何操作。比如在事业成就这个维度，你罗列了六项子任务，那么针对第三项财务专业领域：通过注册会计师考试中的几科（第二年），你可以继续拆解成：

（1）了解注册会计师考试，报名要求、学习方法、时间，以及备考班事宜（2月底前完成）。

（2）购买书籍，报名备考班（3月底前完成）。

（3）制订学习计划，参加备考班：每周线上学习一次，其余时间安排复习，预习和做题（4月开始）。

（4）定期复盘自己的学习进度，查漏补缺（每个月一次）。

（5）做模拟题，测试实际水平（7月底）。

（6）做往年真题，认真研究真题题型，查漏补缺（8月开始）。

......

针对上述的每一个细项，你还可以进一步分解成月、周、天要做的事情和采取的行动。比如针对第一项"了解注册会计师考试，报名要求、学习方法、时间，以及备考班事宜（2月底前完成）"，你可以将计划细化为：

（1）2月的第一、二周咨询朋友，了解注册会计师考试的情况，包括学习内容、考试要求和时间等。

（2）2月的第三、四周在网上了解备考班的情况，查看学员反馈，对比2~3个线上或线下班，考虑学费、时间、效果、班级人数、上课频率、交通距离（如果是线下的话）。

（3）2月的第四周决定报名哪一个备考班，咨询报名政策、报名事宜、开班时间等。

......

那么针对上面的第一项，你又可以将其分解成如下可执行事项：

（1）周一晚上：上网查询初步信息。

（2）周二、周三晚上：打电话给大学同学（考过注册会计师的人），了解信息。

（3）周四晚上：根据前几天搜集的信息，上网进一步查看大纲、知识点等信息。

（4）周六：对比自己目前知识结构存在的差距，评估考试对自己的难度，需要花费的精力和时间。

……

只有细化和分解到这个程度（甚至更细的程度，也就是让你轻而易举地就知道此时此刻你该做什么事），你才可能马上行动起来，让你的行动按照既定路径前进，而不会跑偏或者感觉无所事事。

接下来，针对本阶段的人生规划，你可以进一步制订自己的年度计划、季度计划、月计划、周计划和日计划，让看起来似乎遥远的目标变得愈加清晰，有具体的路径可以落地执行。

1.2.5 第五步：利用辅助工具，管理人生规划表并定期复盘，动态调整

这里的工具有很多选择，你可以用 Excel、手机的时间管理应用程序、电脑自带的"便签"或"日历"功能等，管理好自

己一层层分解下来的子任务和具体行动事项。当然有人更习惯或适应在一张纸质版的便签条或便签本上写下每天要做的事情，类似"待办清单"，每完成一项就划掉一项，这些都没有问题。随后，你就可以按照自己的偏好和习惯来选择一项作为辅助工具。

不过，计划永远赶不上变化。做了很周全的计划也不意味着一成不变，也需要不断迭代和进行适当的调整。所以你要及时进行探索、总结、反思和复盘。我建议以时间为单位，比如天、周、月、年，把过去这段时间你分解下来的子任务、拆分的细项行动、所做过的事情进行回顾，对于做得好的地方以后继续发扬，而对于做得不足的地方，则加以改进和调整。

每个周期停下来看一看自己有没有朝向既定的方向提升和进步，有没有针对发生的变化及时进行调整和反复探索，以便让目标越来越清晰，最终找到自己的人生道路。

我以自己的每日工作复盘为例，分享一下如何进行复盘。

— 今天主要做了什么工作？

— 各事项的进展如何？是否按照计划的目标和方向前进？

— 执行中遇到了什么问题？是什么原因造成的？如何去规避和改进？

— 是否得到表扬、肯定？因为什么？是否可以将其复制到其他事项或以后的同类事项上？

针对每月复盘，你可以参考下面的模板：

（1）行动复盘：

— 本月我做到了什么？原因是什么？

— 我没做到什么？原因是什么？有什么启发？如何提高？

（2）新感悟或新发现：

— 有哪些新的兴趣爱好或良好的新习惯？

— 在认知、思维和能力方面有了哪些新突破？

— 对自我认识有了什么新发现？新优势？新不足？

（3）未来计划：

— 打算开始做什么？即，接下来的行动计划。

— 继续做什么？即，上个月没完成的事项，如何按计划继续推进。

— 停止做什么？即，停止哪些不恰当的尝试和不良好的习惯。

当你在一天、一周或者一个月结束的时候，能对该时间单位内事项的完成情况进行系统复盘并查漏补缺，然后把下个时间单位的计划安排出来，就可以极大地提高行动和做事效率，也更容易把各个事项执行落地，增强自己的信心，同时压力和焦虑感自然也会变小。

综上，如果你能认真研读并践行以上五个步骤，不急不躁，踏踏实实地一点点落实你的人生规划，那么你的眼前将展现出较之以往而言格外清晰的未来蓝图。

1.3

↑

两个思维提高完成计划的效率

在上一节制定人生规划时，我提到要列出期望清单，分解成子任务，并进一步细分成可执行的具体事项。细究下来，每个环节都会涉及两个关键要素，那就是：定目标、见行动。

定目标的意思是，只有目标确定得合理、可落地、可执行，你才能有的放矢，不跑偏，确保自己在对的方向上前行。

见行动的意思是，只有开始去执行，行动起来，才能推动事情的进展，使它向设定的目标稳步推进，不断接近直至最终达成目标。

只有目标，没有行动，即使再科学、合理的目标也无法落地，只能束之高阁；只有行动，没有目标，那不过是在盲目推进，很可能会偏离目标甚至与目标背道而驰，而导致做得越多，错得越多。

那么，这一节我将介绍两个有用的思维模式，帮助你轻松"定目标"和"见行动"，提高完成人生规划和计划的效率。它们分别是：

—— SMART 原则。

—— WOOP 思维。

1.3.1 SMART 原则

我曾经问学员，未来一周的目标是什么？他们的回答五花八门，比如：

— 完成公司管理软件的升级。

— 将羽毛球练习得更厉害。

— 跟新公司的同事搞好关系。

— 学会升职加薪的方法。

— 学习化妆和穿搭技巧。

你觉得上面的目标定得如何？或者你平时也是如此制定目标的？这些目标看上去是不是更像是某种想法或愿望？总之，你可能会觉得这些目标有点问题，但又说不清楚哪里不对。比如一周内如何完成类似"学会升职加薪的方法"这种目标呢？而实际生活中，如果你定的目标都是这样的，那么想要顺利实现它们，就很不现实了。

其实这些都不是合格的目标。定目标的人也并不懂目标管理的方法，他们经常会犯这样的错误：无法区分期待、灵感、想法、困扰和目标的区别。也就是说，他们时常会将自己的期待、想要解决的问题、突发的灵感当作目标。

什么才是合格的、正确的目标呢？

SMART 原则就是帮你检视自己的目标是否能实现的重要工具，学完以后，你就能知道上述那些所谓的"目标"真正的问题出在哪里。

SMART 原则出自管理大师彼得·德鲁克（Peter F.Drucker）的《管理实践》（*The Practice of Management*）一书。该原则是进行目标设定和管理的经典工具，也是制定目标需要遵循的基本原则，被人们广泛应用于工作、学习和生活中，是一个将目标变成看得见、摸得着的利器。它不仅可以用来判断你的某种期待是否合理，它还能帮助你把期待转化到目标，同时也是一种能帮你把目标思考得更加清楚的思维框架。

SMART 是由五个英文单词的首字母组成，分别为：

— Specific：目标是具体的。

— Measurable：目标是可以衡量的。

— Attainable：目标是可以达到的。

— Relevant：目标要和其他目标具有一定的相关性。

— Time-bound：目标具有明确的截止日期。

下面我将就这五项原则逐一进行介绍。

1. Specific

目标要明确、具体、看得见，不能模糊不清，语焉不详。举个例子。在会议上领导要求你说一下今年的销售目标。有如下两种表达方式，如果你是一名销售人员，你认为哪一种符合 S 原则？

（1）今年我们要更上一层楼，争取比去年做得更好。

（2）今年要实现 5000 万元的年度销售额。

显而易见，第二种说法符合 S 原则，因为它能让人立刻就清楚你的目标到底是什么，而第一种说法则表达的只是一种美好的愿望。

如果你是一名客户服务人员，你给自己设定了这样一条工作目标：增强客户服务意识。这对目标的描述就很不明确，因为增强客户服务意识有许多具体做法，比如减少客户投诉、提升服务的速度、使用规范的礼貌用语、采用规范的服务流程等，这些都是增强客户服务意识的措施。那么你所说的"增强客户服务意识"到底是特指上述的某一个方面，还是某几个方面，或者全部都有？不管是哪种情况，你都需要具体列出其中的几项，或者全部列出来。

除了日常工作，我们在做个人职业发展规划的时候，目标同样要清晰可测，它就像是一个看得见的靶子。比如，有的人这样描述他的职业目标：进入大公司，升职加薪，出人头地。这样的描述虽然体现了他的发展或奋斗的目标，但仍然很模糊、不具体，因而在执行上难以把握，这样的职业目标就形同虚设。

我建议可以将其修正为：加入国内互联网大厂，薪水翻倍，成为财务总监。

2. Measurable

目标要数量化或者行为化，是可知可见的，有一定的标准进行衡量。如果想要验证这些目标的数据或者信息，也是可以获得的。这就要求你在制定目标时，不能停留在抽象的描述层面，而要进行目标或指标的量化。

比如上述将目标设定为"增强客户服务意识"的例子，如果你将客服意识限定在减少客户投诉这一条上，那么就可以按照M原则进一步量化，调整为：去年的客户投诉率是3%，今年的目标为降低到1.5%。

在客户服务方面，有个著名的沃尔玛案例，是关于如何体现对顾客礼貌和热情的。它们用"三米微笑原则"将这个要求具体化，同时为了避免不同的人、不同的心情之下的"微笑"看起来并不令人愉悦，所以规定微笑要"露出八颗牙齿"。

同理，前文中关于个人职业发展目标的例子，原来的表述为：加入国内互联网大厂，薪水翻倍，成为财务总监。如果按照M原则进行调整，可以这样写：加入国内互联网大厂（排名前10），年薪80万~100万元人民币，成为财务总监。

你看，按照M原则进行了量化方面的调整后，现在设定的目标是不是看上去更加具体、清晰、可落地和可执行？

再举一个工作上的例子。你在制定本季度工作目标的时候，把其中一条设为：为所有的老员工安排进一步的销售培训。这里你提到的"进一步"是一个既不明确也不容易衡量的概念。什么是"进一步"？它到底指什么？是不是只要安排了这个培训，不管由谁来讲、讲多久、讲什么内容，也不管培训的效果和反馈如何，都叫"进一步"？

所以，如果想让其他人对你的目标一目了然，可以进行如下改进：在三个月内完成对所有老员工关于销售技巧的培训，并且在这个课程结束后进行考评，学员的评分需要达到 85 分以上，低于 85 分就认为培训效果不理想。

显然，经过这样的调整，你的工作目标变得清晰、可衡量和可操作。

3. Attainable

目标要有边界、够得着。也就是说，你在付出努力的情况下，这个目标是可以实现的，而不是没有边界的。同时，目标要避免订立得过高或过低。这就好比射箭比赛，如果你把箭靶子立在一千米外，相信射箭比赛的世界冠军也对此力不从心，更无从谈及射中目标了。再比如刚上一年级的学生，你如果要求他一个学期之后就能通过小学毕业考试，显然也是遥不可及、非常难实现的。这两个例子都说明，太高的目标是不切实际的。

目标不能设立得太高，但也不意味着要设得你轻而易举就可以达到，要设得有一定挑战性，并且是那种经过努力，完全可以实现和达成的。

有学员跟我说，他们的上司利用权力和行政命令，在没有征求下属意见的情况下，一厢情愿地就把自己所制定的目标强压给下属，使得这个目标远远超过下属的心理承受和实际完成能力。这时，作为下属，他们典型的反应就是心理和行为上的抗拒，潜台词是：我可以接受你为我设立的目标，但是否能完成这个目标、有没有最终的把握，这个可不好说。

这样一来，有一天当下属真的无法完成目标的时候，他们就会有一百个理由来推卸责任，他们会跟上司说："我早就说了，这个目标肯定完成不了，但您坚持要压给我，现在完成不了，我也没办法。"对于任何一位上司来说，都很难接受这样的结果。

4. Relevant

Relevant 指相关性，也就是实现这个目标与其他目标的关联情况。具体是指如果你实现了设定的这个目标，但这件事和其他的目标完全不相关，或者相关度很低，那么即使达到了这个目标，意义也不是很大。

举个例子以便于你更好地理解相关性。比如你是一家外企的前台接待，你想要学好英语，这样在跟公司的外籍员工交流时，或是接待外宾、接听外宾电话时，可以派上用场，轻松流利地与他们进行对话。从这个角度来看，提升英语水平和前台接电话的服务质量有关联，即学英语这一目标与提高前台工作水准这一目标直接相关。但如果你非要去学习"六西格玛[①]"这种生产质量管理方面的课程，跟学习英语这个目标相比就跑题了，因为学习"六西格玛"这一目标与提高前台工作水准这一目标的相关度很低。

---

① 一种改善企业质量流程管理的技术，以"零缺陷"的完美商业追求，带动质量大幅提高、成本大幅度降低，最终实现企业财务成效的提升与企业竞争力的突破。——编者注

上一部分举过的三个例子，不管是增强客户服务意识、个人职业发展规划，还是在下一个季度完成老员工培训，这些目标的完成都跟他们提高工作水平和质量有着强关系，也就是说跟岗位职责相关联，所以并没有跑偏。

所以，你在设立某个目标的时候，除了要具体、可衡量、有边界（可实现），你还必须考虑相关性。目标不是孤立和随心所欲的，而是为了服务你更上一层的总体目标，是总目标分解下来的子任务。

5. Time-bound

Time-bound 指定期完成。目标的完成是应有时间限定、有截止期限的，不能没完没了，遥遥无期。

再拿上面的个人职业发展规划的目标举例说明。经过 M 原则调整后为：加入国内互联网大厂（排名前 10），年薪 80 万 ~ 100 万元，成为财务总监。到这一步，对于目标的描述已经很具体、可衡量、可实现、有关联了，但是按照 T 原则，它却缺乏了时间限制，所以可以进一步调整为：5~7 年内加入国内互联网大厂（排名前 10），年薪 80 万 ~100 万元，成为财务总监。

怎么样？在 SMART 原则的指导下，经过几次梳理，这个职业发展目标是不是变得更加完善、信息明确并清晰可见了？

下面我们来做个练习，针对如下两个目标，你认为哪一个更符合 T 原则呢？

（1）这个方案下周五以前一定要完成。

（2）大家尽量往前赶，争取下周把这个方案确定下来。

显然是第一个目标更符合 T 原则。

为了帮助你更灵活地运用 SMART 原则，我们用制定年度目标来做个示范，看看普通人和脸书公司（Facebook）^①的创始人扎克伯格（Zuckerberg）所制定的年度目标有何不同。

你的年度目标为：

（1）减肥；

（2）不熬夜；

（3）旅行；

（4）脱单。

扎克伯格的年度目标为：

（1）2014 年挑战每天写封感谢信。

（2）2015 年挑战每个月读两本书。

（3）2016 年全年跑步 587 千米。

看出两者的区别在哪里了吗？第一份年度目标看上去更像是新年愿望清单，只有结果，没有实现措施。而第二份年度目标更具体、更精准，不仅清晰地展示了每一年集中的一个主题，

---

① 现改名为元宇宙。——编者注

而且时间、数量也写得清清楚楚。所以，你需要把自己想要的东西，不管是期待、灵感、想法还是困扰都转化成目标，并运用 SMART 原则进行梳理和重新描述。如果你此前没有这样做过，那么从现在开始，就需要在这方面刻意进行训练。

你可以强制要求自己在制定任何目标的时候，都必须用 SMART 的方式进行思考，这样一个月内就会取得实质性的突破。你会发现自己开始具备一种清晰思考、了解所需要执行对象的能力，对事情的掌控感也越来越强，做事情的投入感和专注度也会越来越好。

1.3.2　WOOP 思维

上文介绍了 SMART 原则，解决了"制定目标"的问题，现在要解决"见行动"的问题。

很多人都有过这样的遗憾：设定好的目标，但是想做的事情到头来却没有去做，或者没有坚持去做，蹉跎了大好时光，错失了不少良机，目标的实现成了空谈，变得遥遥无期。

这种现象比比皆是。比如：你买了很多书，却没有读完；办了健身卡，去健身房一两次后就再也不去了；买了很多课，却从不好好听课、做作业；决心要养成某些习惯、学习某个领域的知识或是提升某些方面的技能，却常常因为各种各样的原因而搁置。

那么，导致这些现象发生的真实原因是什么呢？

其实，当你设立目标后，心中就有了前进的张力，这股张力会让你一直处于紧张的状态，于是你开始制订相应的行动计划，当这份计划摆在眼前的时候，你的紧张感随之降低，不自觉放松了很多。但此时，你行动的动力反而减少了。

所以，很多人有个习惯，看到自己制订的完美计划，就会产生自己已经在行动，目标的实现就在眼前的错觉。而当计划没有执行下去，导致目标达成失败，这种失败的经历又会让人产生挫败感和无力感，再也不愿意去尝试、去改变。"见行动"的失败导致目标渐行渐远。

那么，有什么办法可以应对这种行动的困难，让"见行动"真正发生呢？

心理学家加布里埃尔·厄廷根（Gabriele Oettingen）在他的著作《反惰性：如何成为具有超强行动力的人》（*Rethinking Positive Thinking: Inside the New Science of Motivation*）一书中提到，人的大脑分不清什么是计划和决心，什么是真正的行动。有时候就是因为我们下了决心，做了计划，大脑就误以为我们已经做过了，于是行动的张力就被消减了。

因此，针对这种情况，他给出了一个药方，那就是先拿出一个愿望，然后立即找到阻碍愿望实现的现实障碍，并针对障碍制订一个最小行动计划。

这个方法就是 WOOP 思维工具，即"愿望—结果—障碍—计划"四步法。WOOP 由四个英文单词的首字母组成，分别对应 WOOP 思维的四个操作步骤。

第一步：Wish（愿望）

你想实现或达成的一个愿望。

第二步：Outcome（结果）

实现愿望的最佳结果是什么？

第三步：Obstacle（障碍）

找到那个妨碍你达成愿望的关键障碍，可以是某个想法，也可以是某种行为。

第四步：Plan（计划）

要克服或规避这个障碍，你能怎么做？思考一个最有效的行动，接着制订一个"如果……那么……"的风险防范计划。

举一个简单的例子加以说明。比如你有一个愿望（W），是下班后跑步一个小时，想要的结果（O）是跑完步后身心舒畅，以达到减重、放松、健身的目的。那么，是什么阻碍了你不能做到呢（O）？你可能有各种各样的理由，如加班、有聚餐、回到家后很累……最终造成的后果是，等你回到家以后往往没有动力出门运动了。所以，眼前最大的障碍就是，回到家时已缺乏出门运动的动力。你就应该针对这个障碍，拟定相应的行动方案。但现实总是充满了变数，你也有倦怠、松懈的时候，想要把实现愿望的计划进行到底，就需要一个能够增强行动力的武器。这件武器，就是"风险防范计划"（P），也就是解决"遇到了某种具体情况，就应该怎么做"。

风险防范计划的句式，就是：如果……（情景、时间、地点），那么……（行为）。设计风险防范计划的目的在于，针对可能出现的那个关键障碍，事先约定一个行为模式，当障碍出现时，马上要求自己按照这个行为模式来执行。

针对下班跑步这个例子，这里的关键障碍就是回家很累、懒得动。那么你的风险防范计划就要约定好出现这种情形时的"行为模式"——立刻去跑。那么运用上述句式，你可以这样设计风险防范计划："如果晚上 7 点回家已经很累了，那么我就不能坐下来休息，要立刻换上装备外出跑步。"

除了用来管理愿望，WOOP 思维工具还能帮助你处理紧急任务，缓解对未来事件的不必要焦虑以及整理不清晰的思路。举个例子，比如你将要做一次即兴演讲，担心自己会怯场、发挥失常。这个时候，你可以花两三分钟做一个简单易行的 WOOP 分析，识别关键障碍是担心紧张，所以你的风险防范计划可以这样设定：如果我紧张了，就停顿两秒，深吸一口气。

再比如，你在电梯里遇上领导时特别容易紧张，表现得很拘谨，担心会给领导留下不良印象。那么运用 WOOP 工具，你识别出关键障碍是害怕面对领导，所以风险防范计划就是：一旦遇到领导，就马上提醒自己，领导是很认可自己的，只要微笑着向他问好就行了。

运用 WOOP 思维工具，你在梳理愿望、结果、障碍、计划时，语言描述尽量要清晰明确。另外，如果有必要，你还可以尝试多制作几个风险防范计划，以应对不同的情况。

以上就是在制定人生规划或进一步细化的计划后，运用 SMART 原则和 WOOP 思维工具，帮助我们将"定目标"和"见行动"两个关键要素落到实处，不断推动规划或计划中的具体行动向前发展。

第 2 章

职场力——职业发展

2.1

↑

职业规划这么做，才落地可行

在第 1 章中，我们学习了高效成长模型八力中的第一力——规划力。在客观认识自我的基础上，按照时间阶段制定人生规划，不仅增加了对未来的确定性，更提高了自己对人生的掌控感，让你不再人云亦云，终日被无谓的焦虑所困扰和消磨。

我们都知道，事业成就在人生规划中占有极其重要的位置，几乎每个人从学校毕业到退休之前的这三四十年间，都需要在社会上寻找自己的位置并发挥所长，在赚钱养家的同时，做出自己对社会的贡献。个体价值的放大，就必然会涉及一个人的事业或职业发展。

如果你对占据整个人生中三分之一或一半时间的职业发展不闻不问，走一步看一步，随波逐流，这么做不是不可以，但这样就很容易让自己处于一个非常被动的局面。不是你在选择工作单位场所、就业岗位和喜欢做的事情，而是你正在被外界的变化牵着走，被用人单位挑挑拣拣。同时个人发展也停滞不前，甚至逐年倒退，变得几乎没有什么竞争力。

那么，如何让自己摆脱这种局面，对自己的职业发展具备足够的主动权、选择权呢？这就需要我们掌握高效成长模型八力中的第二力——职场力。

在职场力这部分，我将分五节进行介绍，分别是制定职业规划、简历面试技巧、升职加薪术，提高工作效率以及培养领导力。

本节内容的重点是如何制定落地可行的职业规划，助力自己在职场上不断进阶，成就理想事业，要点如下：

—　职业规划是一种战略思维。
—　制定职业规划的四个步骤。

2.1.1　职业规划是一种战略思维

大部分人在每日为工作忙碌之际，短期内也是有一些目标的。这些目标要么是被领导分配的，要么是自己设定的。人们奔着目标埋头往前冲，完成绩效。这就是短期的工作目标。

然而有短期目标并不意味着就有长期的职业规划。假如你缺乏长期职业发展目标，最容易发生的情景就是自己奋力奔跑着，好不容易跑到了终点，却才发现目的地和方向根本不对。

为什么人很难找到长远的职业目标呢？因为你并没有对自己的未来职业发展进行过深层次的思考，没有做过职业规划或者只是蜻蜓点水地规划了一番。也就是说，你没有站在未来的角度去制定自己的职业战略，所以才会在职业发展的路途中，经常感到迷茫、焦虑、不知道未来该往哪里走。

什么是"站在未来的角度"呢？曾经有一个著名的棉花

糖实验，自 1966 年到 20 世纪 70 年代初，斯坦福大学的沃尔特·米歇尔（Walter Mischel）博士在幼儿园进行了一个心理学的经典实验。实验中，老师分给在座的小朋友每人一块棉花糖，告诉他们有两个选择：一是立刻吃掉棉花糖；二是等待 15 分钟后再吃掉，选择第二种的小朋友可以获得两块棉花糖。

多年追踪的结果显示，选择第二种，也就是能够忍耐更长时间的小朋友，通常会有更好的人生表现。这是因为他们之所以选择先等待，是出于对未来 15 分钟之后获得两块糖果的想象，从而得以抵制当前的诱惑。这一类人通常具备较强的"对未来想象"的能力。

对未来的想象力可以帮助人们对当下的行为做出判断，这样的判断通常都较为客观、理性、利益最大化。将这一点用于职业规划上，也就是鼓励人们站在未来的角度，设想自己未来想进入什么领域，从事什么工作，然后在当下去制定职业战略，一步一步去实现和接近自己设想的领域和岗位。

这样说来，职业规划其实是一种战略思维。如果你对未来缺乏想象力，就更倾向于满足当下的需求，同时会纠结于当下一时的得失。比如工作干得不开心，第一时间就想马上辞职或换工作；领导或同事批评了自己两句就接受不了，感觉委屈难受，开始抱怨连天，甚至情绪崩溃。

反过来看，如果你具备对未来的想象力（这就是长线思维），那么你就不会把自己拘泥于短期或当下的时刻，哪怕目前在这个岗位受点委屈也能接受，因为你很珍惜目前这段工作经历，它能帮你积累更多的经验，学到更多的技能，而这些会为你下一步朝向目标领域和岗位迈进做铺垫、打基础。

有了这样的想法，你就不会在意一时得失，会更关注在目前工作中需要提高的能力和需要积累的经验，一切为了实现最终的职业目标服务。

我曾告诉我的私教学员，要学会"以始为终"地考虑职业发展，站在未来的角度倒推现在的行为就是战略思维，也就是在做属于你自己的职业规划。

其实很多人在职场上会感到迷茫、困惑和焦虑，这都是因为他们的心中没有明确的职业发展目标。没有目标就不知道什么是必须达成的，什么是可以不做的，什么是不能做的，然后经常放纵自己。比如，本来应该看书、学习或运动，却一再跟自己说，"我再玩会儿手机吧""我再打会游戏吧""我再睡一会儿吧""这件事太难了，今天就算了吧"。

说到这里，让我们一起来做一个练习。见表2-1，大家设想一下五年以后，你的理想职业状态是什么样子？

表 2-1　五年后的理想职业状态示例

类目	目前的状态	五年后的理想职业状态
我的工作	小公司的产品专员	互联网大厂的产品经理
工作状态	完成领导交代的任务，得过且过	部分管理者。热爱工作，充满动力
事业成就	在公司默默无闻，不被领导欣赏。基本没有猎头给自己打电话	得到公司高管的赏识和认可并给予上升机会。成为高端猎头眼中的红人
收入来源	工资收入	工资收入
收入数额	年薪 6 万元	年薪 50 万元

表 2-1 所说的理想职业状态是理性的，并非漫无边际的想象，而是要基于对现实的思考和分析。当你在实践中追寻这种理想状态时，会感到非常充实、有动力、有目标，并获得满足感。因为这是你自己内心向往的方向，即便最终目标没有达成，但在这个过程中你一直在进步，能力在提升，价值也得到了充分实现。

现在，请你根据这份模板，在表 2-2 中写一下五年后你的理想职业状态是什么样子的。

表 2-2　五年后的理想职业状态

类目	我目前的状态	五年后，我的理想职业状态
我的工作		
工作状态		
事业成就		
收入来源		
收入数额		

这个练习可以帮助你运用"职业规划是一种战略思维"的方法，以终为始地去思考自己的未来。当你能很清晰地写出五年后你希望的理想职业状态，同时看清楚自己的现状，那么你就知道自己的起点在哪里，阶段性终点在哪里，自然也就知道如果要到达那个终点，你该制定怎样的一个行动路径，这五年需要做什么事情，采取什么行动。

等过了五年，也就是完成一个阶段后，你可以再来做一个同样的练习，以当时的情况为起点，再去设想一个新的终点，并制定一个相应的行动路径。如此继续，你会发现，自己的整个职业发展始终都处于上升状态。

2.1.2　制定职业规划的四个步骤

1. 理解"制定职业规划"

当你设想了自己未来三到五年后理想的职业状态和发展目标后，就要为实现这个目标开始制定发展规划。那么，如何制定职业发展规划？需要哪几个步骤呢？

在介绍职业规划步骤前，我先和你分享一个小故事。小孟在大学期间是读财务专业的，毕业后进了一家公司的财务部，年薪十万元。工作了一年以后，他的工作动力却降低了，因为他发现自己并不太喜欢目前的工作，于是他感到迷茫不知所措，但又不想一直这样下去。随后，小孟就去观察同学、朋友以及周围其他人的生活、工作和发展状况，并下决心在未来五年内实现年薪三十万元。当他发现如果按部就班地在目前的公司继续工作，实现年薪三十万元是不可能的，他开始重新审视自己的职业规划。

他分析了自己工作动力下降的原因，他其实并不喜欢每天闷头做财务报表的工作，反而更喜欢跟人打交道，并擅长沟通、表达和协调，在这几方面的能力较为突出。通过对自己的深刻分析，小孟找到了自己的优势所在，他比本专业和所在部门的人更热衷于和人交流，这让他对自己有了一个清晰的认知。

接着，小孟又进行了市场调研。他通过跟朋友们交流，发现"高级管理咨询"，也就是管理顾问这个岗位的就业市场很大。他对此很感兴趣，并且结合自己的上述优势分析，自己也很适合这个职业。同时，对于管理顾问来说，想实现年薪三十万元也很现实。这样，小孟就瞄准了这个岗位，把它作为自己下一步职业发展的目标，并将目标企业具体锁定在了行业排名前三的管理顾问公司。

接下来，他在专业学习、人脉拓展、行业聚会等方面开始表现得积极主动，不仅因此建立了相关人脉，必备技能也迅速得到提升。他的每一步都在帮助自己向职业目标前进，将能力项全部定在成为"管理顾问"上。

五年内，小孟跳槽转行，但他并不是仅仅通过一次跳槽就实现了职业目标，而是经过了几级跳、几次转型。比如他先后做过商业分析、项目并购等工作，最后顺利进入头部管理顾问公司，成功转型为咨询专家。

这个故事说明了人们可以在明确自己职业发展目标的基础上，通过制定清晰的职业规划，彻底改变自己的工作和生活状态。

小孟的职业成功遵循了职业规划的四个重要步骤，总结如下：

第一步：自我认知，优势探索。小孟发现自己的优势在于更愿意跟人打交道，沟通能力强。

第二步：分析行业，洞察岗位市场需求。小孟梳理完市面上的工作后，结合自己的优势，发现管理咨询岗位的市场很大，自己也非常感兴趣，于是决定进入行业排名靠前的管理顾问公司。

第三步：锁定行业目标公司，评估自己的能力差距。小孟列出了处于第一梯队的三家顾问公司清单，查询了岗位的任职要求，从而发现了自己在哪些方面存在差距或不足。

第四步：设定跳槽路径和方案，使其可以落地执行。小孟锁定了目标公司的咨询顾问岗位，开始设定几次转岗路径，让每一次转岗都是在为下一步做铺垫。

小孟的规划和行为基于对自己有了全面的了解，对行业和市场需求也有充足的判断，也通过调研列出了自己想去的具体公司和岗位，因此目标感非常强。有了长远的目标，他的每个行动都注入了动力，没有迷茫和焦虑，也不觉得无所事事，每天度日如年。

很多人无法制定自己的职业规划，可能是因为对自己不了解，不清楚自己的优势在哪里，于是就不可能在职业发展中不断精进自己的长板；还可能是因为对各个行业、各种岗位不够了解，不知道人才市场上的需求，所以也无法制定自己的职业发展目标。

2. 职业规划的四个步骤

下面我们就逐一来介绍职业规划的四个步骤，以便你放下本书的时候，立刻就能做出一份可落地执行的职业规划。

第一步：自我认知，优势探索。在第 1 章中，你知道了如何能清晰地认识自我。只有对自己有全面的了解，把每一个优势、能力点都串起来，形成一个面，这样才能具有综合竞争力。

就职业规划而言，你在选择工作的时候，是否考虑过自己的优势是什么？是否分析过要投递的岗位核心技能是什么？你的优势又是否与之匹配呢？你是不是根本还没有意识到，自己的优势对于职业发展而言有多么重要？

如果一个人对工作缺乏热情和能量，很可能是因为你的优势和完成这项工作所需要具备的核心能力不匹配。所以在其潜意识里，你就会对工作产生抗拒的心理，不想干，也不愿意干。

反过来说，如果你擅长做某件事情，并且总能比其他人做得更好时，这背后就是你的优势在发挥着作用。你越多地掌握了自己的优势，在未来的职业路径上，你能做的选择就越多。这里谈到的优势，既包括思考方式，也包括行为模式。

想要完整地探索出自己的优势，需要结合三种方法，分别是：自我洞察、外部反馈和优势测评。

自我洞察是指一个人在向内探索时，通过对自己过去经历的分析，找出优势所在。这里推荐一个职业规划中常用的方法，就是回忆你的成就事件。所谓成就事件，就是你很擅长做某件事（做得更好或更快），并且在做这件事的时候，充满自信、满怀激情，并能持续给你带来动力，让你获得满满的成就感。

回顾成就事件时，你不必局限在职场中，它既可以是你人生中发生的大事或重要的里程碑，也可以是生活中的小事。这些形容优势的短语供你参考：结果导向、善于分析、行动力强、做事靠谱、敢于冒险、判断力强、充满自信、沟通能力强、不断成长、注重细节、热爱学习、善于思考、善于统筹规划、有创新思维、有感染力、忠诚可靠……

除了自我观察，你还可以通过外部反馈，也就是从他人对你的评价里找到你的优势所在。比如你可以问问身边的人，在你身上有哪些地方是他们所喜欢和欣赏的。这时候会出现两个问题：一是问谁，二是问什么。

第一，关于问谁。我建议你尽量选择不同的人询问，这样就能从不同的角度去看别人对你的评价和反馈，答案也能更加多元。最好询问超过 10 个人，这样既可以保证结果的有效性，也能通过结果找到共性，更有利于帮助你找到自己的优势。同时，要注意保持不同类别的人在数量上的均衡，不要只找某一类人，比如下面这些类别：

— 关系亲密的好友，因为他们对你足够了解。
— 共事过的同事或领导，最好他们曾有带团队的经验，这样他们的观点会比较客观。
— 对个人成长保持关注度的朋友，因为他们具有一定的格局和高度。

第二，问什么。你可以问他们这些问题：

— 在你眼里，我是什么样的人？
— 我在工作或生活中，你特别欣赏的部分有哪些？

— 你觉得我有哪些地方比别人做得更好、表现得更突出?

— 如果你需要我的帮忙,你会把什么类型的事情交给我去做?

另外,请尽可能向对方追问细节,这样能帮助你更好地收集有价值的信息。综合他人对你的反馈,你就能继续提炼出自己的优势。

你可以在网站上搜索一些职业测试,MBTI[①]、九型人格测试[②]、霍兰德职业兴趣测试[③]都可以,这些都是基于一定的样本和大数据统计出的结果。虽然这些工具无法帮你做决定,但你可以把这些测试结果当作参考,结合自己的具体情况去分析,从而在自我洞察和外部反馈的基础上,更加了解自身的优势。

第二步:分析行业,洞察市场需求。在做完自我认知和优势探索后,接下来要对自己感兴趣的行业或市场进行分析和了解。这部分你不能完全凭借自己的经验和感官来判断什么行业的需求旺盛、什么行业的需求正在衰竭,因为这样就很容易造成偏差和片面的认识。我建议你通过查询相关行业报告,找业内人士咨询请教等多种方式来综合进行分析。

① 是一种迫选型、自我报告式的性格评估测试,用以衡量和描述人们在获取信息、做出决策、对待生活等方面的心理活动规律和性格类型。——编者注
② 按照人们习惯性的思维模式、情绪反应和行为习惯等性格特质,将人的性格分为九种。——编者注
③ 美国职业指导专家霍兰德(Holland)根据他本人大量的职业咨询经验及其职业类型理论而编制的测评工具。——编者注

你可以了解如下这些信息：

— 这个行业里面的分工是什么样的？

— 最核心的分工是哪个环节？

— 你的兴趣、优势和能力可以参与到哪一部分的分工？

— 业内排名靠前的组织、单位或公司都是谁？（前十名，前五名……）

— 以上组织中，职业晋升的通道如何？需要哪些资质、能力或资源？

— 你可以通过怎样的积累、学习和训练，让自己到达排名靠前组织的要求？如何才能晋升到最高级？

当然，你还需要了解其他的行业情况，比如体制内外的差异、大小城市的选择、细分行业的选择、具体的岗位需求和技能要求、各自的薪酬待遇情况等，这些都要进行详细的研究和了解。

第三步：锁定行业目标公司，评估自己的能力差距。 经过职业规划的第一步、第二步后，接着就要进一步锁定你想要进入的具体公司是哪些、具体岗位是什么。很多人做职业规划，其实只是做到了第二步，就是经过自我兴趣和优势认知，发现自己对某方面感兴趣、有优势，于是推断自己适合哪一类岗位，也分析了想去的行业情况，但还是不知道下一步职业发展该怎么办，这就是没有走到第三步。

比如，你发现自己对数字比较敏感，思维也很缜密，更愿意跟报表、数字打交道，所以明确了自己更适合做财务工作。这时你还必须清楚要去什么行业，去到这个行业中的哪些公司，这些公司的财务工作岗位都有哪些分类。因为很多公司的财务部门还有更细的岗位职责划分，比如资金核算、稽核、出纳、收入支出的债权债务核算等。在这个步骤里，我建议你做一个目标公司和岗位的列表，比如列出这个领域排名前三十的公司。你可以参考行业调研报告，或者通过跟业内人士交流获得这份清单。然后在招聘网站上去查询这些公司所招聘的岗位中，那些跟财务相关的岗位对应聘者的资质和能力的要求都是什么。

接下来，你要对比自己的实际情况跟目标岗位的要求之间存在哪些差距以及差距大小，以此来估算自己应聘成功的概率。

第四步：制定跳槽路径和方案，使其可落地执行。当你锁定了目标公司和岗位，并评估出自己的能力差距后，就会更加清晰地知道哪些机会更适合自己，然后制订跳槽的行动计划，比如确定目标行业、公司和岗位，梳理和制作简历，与猎头沟通，投递简历，准备面试……总之，要把跳槽当作一个项目一样进行管理和往前推进。

如果你的现有能力和目标岗位之间的差距不大，这个行动计划完成的周期自然就短；但如果差距比较大，你就不能急于立刻跳槽，还需要在现有岗位上积累锻炼，逐渐缩小差距，为下一步跳槽做准备。

另外，很多时候你可能无法通过一次跳槽就跳到理想的公司和岗位，需要在几年内跳几次，才能最终达到目标岗位。这也并不奇怪，整个完成时间可能会持续两年、三年或五年，这些都非常正常。

不过，有人会说自己也没有制定过什么职业规划，现在过得也不错，又何必一定要做规划呢？其实，每个人都可以按照自己的意愿去生活，但如果仅仅凭着感性的直觉前行，就会经常纠结于每个当下，会为一时的成败得失而患得患失，这样一来，生活和工作的动力也逐渐衰退，等到多年之后，才发现人生留下太多遗憾。而如果你能尽早明确自己的优势和目标，运用四个步骤布局自己的职业规划，比其他人更明白自己每天工作的意义和方向，那么做事情就会更加笃定，持续发挥和放大自己的优势，在竞争中脱颖而出，未来就可以争取到更多的发展机会，实现自己的人生价值。

2.2

↑

如何让简历和面试顺利通过

当你做好一份落地的职业规划后，会发现你基本上不会在一个公司待一辈子，需要通过一次或几次跳槽，要么通过直线上升，要么通过螺旋上升去一步一步接近目的地，最终实现本阶段的职业发展目标。

而只要是开始规划跳槽换工作，第一个遇到的问题就是制作简历。一份专业、诚恳的高质量简历，将会给招聘官留下极为深刻的印象，当他们给你发送面试邀请时，这就是跳槽成功的第一步。接下来你需要在面试中牢牢把握主动权，言之有物，突出亮点，这样才能在众多应聘者中突出重围，最终成功拿到录用通知。

本节将就如何制作专业而精准的简历，以及如何能轻松通过面试进行详细介绍。

—— 如何制作精准的简历。
—— 如何轻松通过面试。

2.2.1　如何制作精准简历

如何才能制作一份没有废话、信息明确、目标精准且不落俗套的简历呢？如果你在准备简历的过程中，能避免如下七大误区，那么你的简历质量一定会提升一大截，令招聘官眼前一亮。

1. 简历的七大误区

（1）格式不对

格式正确是制作简历的基本要求。用 TXT 或者幻灯片格式都是不对的，因为它们在对方电脑或手机中打开时，很容易出现排版混乱或者干脆乱码的情况。正确的做法是最好先用 Word 排版，然后转换成 PDF 格式再发送。因为 PDF 格式在任何系统中都可以打开，而且不容易出现乱码，是非常安全的格式。

如果你准备了中英文两个版本的简历，建议放在同一个文档里，不要分为两个文件发送，因为在一个文档里，对方只要打开一次就可以同时看到中英文的两个版本，阅读体验最佳。

（2）页数太多

建议用 A4 纸大小，所有的信息最好放在一页，如果实在不行，也尽量不要超过两页。有的人可能会说自己想表达的内容太多，实在是没有办法精简到一页，不知道该怎么办。

其实招聘官在浏览众多应聘者简历的时候，通常不会从头到尾全部仔细阅读，他会有重点地跳着读，既有特别想看到的部分，也有不太关心的内容，所以你在简历上的内容也要有所选择，有所取舍，把与目标岗位相关的内容作为重点描述对象，其他内容则尽可能简化。

（3）记流水账

在描述工作内容或职责时，不少人像在记流水账，事无巨细地罗列一番。而仔细一看，却并没有量化的工作成绩或成果展示，这就是本末倒置了。因为在简历中描述工作业绩远远比仅仅列出工作内容更重要。

如何做到量化工作业绩呢？举例如下，你的销售额完成了多少？积累了多少客户？转化率如何？节约了多少成本？提高了多少效率？你做了工作之后的结果跟你没做之前，获得了怎么样的改善和提高等。只要你认真动脑去提炼和发掘，大部分工作都能找到可以量化的点。

当然如果你的工作极为特殊，无法量化，那么请尽量具体描述你的工作成果。

（4）空窗期空白

空窗期，就是在某一个时间段内你没有工作，处于非在职状态。不管你的空窗期有多久，比如三个月、半年或更长时间，你都不要不填，建议如实填写时长，不要让招聘官自己去计算你的空窗期有多久。但你也不要就直接写"待业"或"没有工作"，那么这段时间该写什么呢？

我建议你写一些你正在做的事情，表明你绝对不是在游手好闲，而是仍然处于一种积极向上的人生状态，让别人看到你依然在进步，没有落后，也没有脱离社会。比如你参加了哪些培训、学习、活动，学习了什么技能，参与了什么项目或实践等。

如果以上事情你都没有做，也可以说最近这段时间自己一直在看行业或专业领域的公众号文章、书籍等，在不断拓展自己的认知和扩大知识面。

这些事情要真实、具体，不能乱编，否则很容易说漏嘴，被人拆穿。

（5）短期内从事三种以上的工作

在没有做过职业规划前，你换工作可能会比较随意，短期内从事了三种以上的工作，而且工作岗位也不太一样，这会导致招聘官质疑你的稳定性和专业积累。

这种情况下，你要重点强调虽然这几份工作的内容不一样，但背后都有通用的技能和素质，以此来证明你不是在瞎折腾，不是没有任何目标，每一份工作之间是有积累且朝向一个明确方向进行的。

（6）连续五年以上从事同一份工作

这种情况一方面表明你很稳定，但同时也有另一层含义，就是你在职场上没有任何进步。所以你需要在简历上表明你虽然多年在同一个岗位任职，但也是在持续获得进步的，这一点招聘官颇为看重。

举个例子。你在某家公司做了五年的首席执行官的助理，现在要换工作更新简历，怎样描述才能表明自己是有进步的呢？

你可以这样写：公司在过去五年快速发展，人员规模增长了两倍，业务增长了三倍。作为首席执行官的助理，我习惯于在公司快速发展的压力下全面支持和协助首席执行官日常工作的高效运转，配合领导完成各种新项目、新挑战。同时我利用业余时间进行了时间管理、财务分析、高层公关技巧、商务英语口语等课程的学习。

（7）过往经验和目标岗位不相关

招聘官在审阅简历的时候，最看重的就是候选人的过往工作经验是否与招聘岗位相匹配，而这正是不少人在写简历的过程中往往会忽视的一点。他们所展示出来的工作内容和经验，无法支撑目标岗位的要求，也就是说不匹配。

想要做到匹配并不难，你要根据目标岗位的要求，梳理出自己过往经历中有哪些是跟这些要求相匹配的地方，并进行重点描述。如果招聘官第一眼就看到你的经验与招聘岗位毫不相关，那么自然不会给你面试的机会。

现在我们已经识别出了制作精准简历的七大误区，那么什么才是一份好简历？有什么标准呢？

2. 好简历的三大标准

（1）匹配度高

指简历内容一定要和你的目标岗位的要求高度匹配。

很多人写简历的顺序是，直接把过往的工作经历通通都写到简历上，但其实这样写简历的顺序和正确的步骤是相反的。正确的做法并不是先动笔，而是先对目标岗位做研究。它对候选人的要求有哪些？哪个要求权重是最高的，哪个要求的权重次之？然后你要对自己的经历或经验进行梳理，越是与岗位要求相关度高、匹配度高的部分，越要突出，反之则需要简略甚至忽略。

当然不是说让你按照目标岗位的要求胡编乱造。但你一定要明白自己有哪些方面的能力跟招聘的岗位要求更匹配一些，然后去调整简历中的语言，不断提升匹配度。

（2）没有废话

这就要求你的简历中没有一点废话、废字。那么如何进行判断呢？

审视自己的简历时，要逐一检查是否有很多字不是关键字眼，不是高价值的字眼，甚至是无关的字眼。如果有，你就要把这样的字词全部删除，换成那些目标岗位要求的、招聘官更在意、更想看到的字眼。

举个例子。如果你应聘的岗位是业务发展，那么在你的简历中，就要经常有"业务发展""业务拓展""业务开拓"等类似的表述。

（3）阅读体验好

也就是说，这份简历要让其受众，即招聘官有阅读的愉悦感。这里的愉悦感包括两方面。**第一，排版简洁漂亮。**你可以在网上找到优秀的简历模板做参考，它们基本上都能达到审美水平。**第二，容易抓到重点。**招聘官都很忙，他们没有时间对收到的每一份简历都逐字阅读，只会关注那些第一时间就能吸引他们的内容。

假设在招聘官面前有两份简历，一份是 1000 字，其中有 200 字符合岗位要点，另一份也是 1000 字，其中有 900 字都是招聘官关注的、想看到的内容，而且简历内容精练、容易理解，那么招聘官会给哪一份简历的候选人发送面试邀请呢？应该会是第二份简历的候选人。

其实，简历的目的就是为你获得面试的机会，让你离你心仪的公司更近一步。简历上面的字字句句都应该帮你拉近和招聘官的距离，让他对你印象深刻，而不是推远彼此，让他对你没有兴趣。所以，一份简历若不能达到这个目的，那就是白费。

最后提醒一点，要针对投递的不同岗位的要求，制作不同的简历，而不是一份简历用于所有岗位。因为不同岗位要求的侧重点不同，所以你也要随之调整，让这份简历能最大化匹配到目标岗位的要求。

2.2.2　如何轻松通过面试

得到了面试机会，距离成功拿到心仪的录用通知就越来越近了，甚至可以说是只差临门一脚。面试绝不是走过场，或者如有些人认为的那样——只要自己背景硬、实力强，自然就能轻松通过。

事实并非如此。面试同一个岗位的众多候选人，他们在各方面的实力基本接近，相差不会特别悬殊。那么到底最后选择哪个人，决定性因素就是在面试环节表现出来的优劣之分。只有通过这场面试，让面试官确定你在各方面与目标岗位的匹配度最高、最符合这个岗位的要求、最适合这个岗位、综合实力表现优秀，他才会决定录用你。

1. 面试沟通的四大策略

下面就来介绍面试沟通的四大策略，尤其是如果你的学历背景稍逊色，却希望能有最大的机会通过面试，那么你就一定要采取以下的策略。

（1）体现高价值内容

在面试过程中，你要对自己比较有优势的、有含金量的部分进行重点说明，并且在面试一开头，就把这些高价值的内容展示出来。而对那些不能体现有价值的部分就可以不提，或者一笔带过。简言之，低价值让位高价值，仔细研究应该用哪些语言才能体现高价值内容。

比如，有的人毕业于二本院校，这并不是一个高价值的点，所以面试中就没有必要特别提到这一点，这些教育背景信息在简历上都有，面试官是看得到的。但在你过往的经历中，如果你曾经牵头做过某个项目，取得了较高的业绩或者展现出了很高的能力，而这些正是面试岗位需要的，这就是高价值内容，你要着重进行阐述和展示。

（2）展示匹配度

在准备精准简历的时候，你已经知道了要在简历上充分体现过往经历与目标岗位的匹配度，那么在跟面试官面对面交流的过程中，你更要在这方面进行充分的说明和展示。

如果你简历写得不错，但是一到面试环节，你却直接用流水账的方式讲自己做过什么工作、学了什么知识、具备什么经验等，这样前面的工作就全白做了。这样的表述方式和内容，会让面试官觉得你做过的事情跟这个岗位根本不相关，或者说听不懂你说的这些内容与招聘岗位有什么相关之处。一旦他听不到自己想听到的内容，就自然会认为你是在浪费他的时间，他可能很快就想结束这场面试，你也就失去了一次宝贵的机会，是不是很吃亏？

所以，充分展示匹配度，是面试过程中非常重要且值得重视的问题。你要提前研究目标岗位的能力要求，并根据这个要求，把你过去相关的经历和工作内容重新组织一下语言，改进一下表述方式、措辞。

举个例子。如果你去应聘市场推广的职位，这个职位在硬技能方面的要求是会设计、审美好、掌握图像处理软件，软技能的要求是逻辑分析和沟通表达能力强。那么在面试过程中，你就可以在陈述自己曾经做过的市场推广项目和经历中，充分地展示和说明你具备上述的软、硬技能，增加对面试官的吸引力，让他对你产生兴趣，发现你身上具备的能力符合目标岗位的要求。

这里分享一个小技巧——学会在面试中埋伏笔。意思就是在进行自我介绍，讲述过往工作经历或成功案例的时候，你要特别注意自己的描述、用语、字词，要有意识地向目标岗位的要求上靠拢，尤其是要使用招聘要求书上的话术，这会让面试官不知不觉地认同你就是那个最合适的候选人。

（3）不要一厢情愿

我在面试下属的过程中，时常听到候选人说："我觉得贵公司的该岗位非常适合我的职业发展，因此希望借这个面试的机会，请面试官深入了解我。"其实这就犯了一厢情愿的错误。你在选择公司，公司也在选择你，只有对双方来说都是双赢的时候，才是恰当且有价值的。而如果你表现出来的是自己在求着对方给你这个机会，反而会让人觉得你很"廉价"，对录用你打退堂鼓。你要让对方觉得你和目标公司、目标岗位是相互匹配、彼此成就的，所以在面试过程中你就要清晰地把这个信息传递给面试官。

（4）打消面试官的疑虑

在跳槽换工作的时候，如果遇到跨行业或跨领域，也就是涉及转行的时候，面试官通常会有疑虑，因为跟其他人相比，你缺乏行业经验，他会担心你是否能够胜任。所以在他把这个疑虑讲出来之前，你可以主动向对方解释，提前打消他的这个顾虑。

你可以说："您可能觉得我跟其他候选人相比，在行业背景方面不那么占优势，看起来似乎不太适合。但是，我平时就非常关心咱们行业的发展，经常阅读行业研究报告，对业内产品的发展趋势也有一定了解。我自己也是一个快速学习者，如果加入贵公司，我相信经过三个月的钻研和跟同事们的交流学习，我会很快进入角色。"

你也可以找出自己其他高价值的内容，让面试官对你缺乏行业背景这个疑虑尽快打消，而转移到你有优势的地方。这是你在转行路上非常重要的一步，如果不加以重视并做针对性的准备，面试通过的概率就会很低。

2. 面试官关注的其他问题

在整个面试过程中，除了了解候选人在业务领域的专长和经验，面试官还会从彼此的交谈中考察候选人的如下几个重要特质：

（1）候选人的稳定性

面试官会考察候选人是否经常更换工作，尤其更换工作的理由是什么。比如问你为什么要离开目前的公司？你换工作主要考虑哪些因素？为什么选择这家公司和岗位？

（2）候选人的抗压性

面试官会考察候选人的心态是否脆弱，是不是有较强的抗压能力，他们会问这样的问题：如果你手头有多个任务同时进行，且截止日期都在眼前，你是否有信心、有方法在截止日期前完成所有工作？领导给你安排了一项全新的任务，你打算如何去完成？

（3）团队合作意识

招聘方在意候选人是喜欢单打独斗，还是乐于通过跟他人合作来完成任务。比如问这些问题：你之前的团队中有几个人？分别担任什么角色？你担任什么角色？ 你最近是否在某项工作中与其他人共同解决问题？在你刚加入上一家公司的时候，你做了哪些事情快速融入团队？如何评价你过去的同事和上司？

（4）解决问题的能力

面试官会考察候选人是喜欢提出问题，还是更擅长解决问题。比如问这样的问题：在工作中你遇到过的最有挑战性的一次任务是什么？当时是如何解决和完成的？ 如果领导指派你负责一个项目，并告诉你截止日期，但这个项目之前没人做过，也没有经验可以借鉴，你将如何开展这个项目？

（5）候选人的忠诚度

面试官会请候选人谈及以前的工作环境、待遇、部门，以及人际关系，通过面部表情、语气、语调和动作等来观察候选人的忠诚度，看候选人如何评价过往工作中的成长经历，是否对此怀有感恩的心态。

在整个面试过程中，如果面试官认为你表现得不错，后面有可能会继续安排第二轮、第三轮甚至更多轮的面试，并且根据目标岗位的级别高低，会涉及是否需要总经理、其他高层等进行复试。无论怎样，只要你掌握了本节介绍的面试策略，那么在任何一轮面试中成功的概率都会很大。

能力再强，实力再硬，如果不会适当地包装和展示自己，用一份含金量高的简历打动对方，用专业而自信的面试表现赢得好感，那么你的职业发展和转型之路就不会一帆风顺，距离实现职业目标也会变得举步维艰。

2.3
↑
走向高薪的升职加薪术

还记得在本章第一节做过的练习吗？即设想五年后你理想的职业状态是什么样的。是的，相信你现在应该已经建立了这样一种意识和思维，在谋求职业发展和升职进阶之路上，无论是通过跳槽转行到新组织，还是留在原来的组织，你所做的一切都是围绕着实现自己设定的职业规划目标而进行的。

为什么我要如此强调呢？因为我的学员曾跟我说起，自己毕业后好不容易加入大企业，以为从此获得了铁饭碗，就开始懈怠，追求所谓稳定的生活，不求上进，也不再琢磨如何进一步提升自己，犯了"大公司病"。一不小心就过去了两年、三年、五年，有一天猛然回头一看，才发现自己没晋升、薪水的涨幅有限、整个人也没什么长进，而时间却一下子就过去了好几年，非常后悔，所以才找到我，想向我学习如何提升自己的职场竞争力。

其实，你若是有了明确的职业规划目标，就知道自己的每一步都走在实现这个目标的路径上，是为实现自己理想工作状

态的这个目标服务的，心里就会非常踏实且笃定，让每一步都
按照自己的心愿和规划持续前行和推动着。而一旦能做到这些，
你就不会再焦虑苦恼，不会迷失方向，也不会患得患失。

为了实现在职场发展的路上不断向前，不断进阶，你就势
必要谋求岗位的晋升，薪水的提高，让自己在组织中以及人才
市场中的价值不断被看到、被认可。

然而，如果你不明白升职加薪的底层逻辑，不掌握升职加
薪的方法，就会踩雷碰壁，错过机会，浪费时间。这一节，我
将聚焦如何走向升职加薪之路，要点如下：

— 升职的本质。
— 升职的类型。
— 升职的误区。
— 如何获得领导认可？

2.3.1　升职的本质

升职并不仅指你的职位或职级提高了，这只是表面现象，
或者说是一个结果。升职指的是员工获得的新岗位与之前的相
比，享有更多的职权，承担更大的责任，以及完成更具挑战性
的目标。这也就点出了升职的本质，即，你愿意，也有能力去
承担更大的责任和完成更高的目标。

所以，如果你不满意目前的职位或薪水，或者只是因为自
己为公司服务的年限够长，就跟领导提出升职加薪的要求，你

猜结果会怎么样？领导当然不会因为这些就给你晋升。站在他的角度来看，想要给一个下属升职加薪，真正的原因必须符合升职的本质。也就是只有当领导发现你有意愿而且有能力去承担公司赋予你的更大的责任，能实现更高的目标，这个时候他才会考虑主动提拔你。

你或许会说，我之所以没表现出真正的能力，是因为领导没有把我晋升到那个位置上，我没机会发挥自己的能力水平，但如果给我提拔到那个职位，我自然就能展现出自己的能力来。不难看出，这种想法是典型的"先升职，再表现"的思路。

但事实是，领导的思路跟你的想法正好相反，他要的是"先表现，再升职"。也就是说，你在现有岗位上就已经充分表现出了你的能力，即，不仅能把本职工作超额完成，还能体现出一定的潜力和领导力，能胜任比目前更具挑战性的工作，帮他分担更大的负担和任务，这样他才会把晋升的机会放心地给到你。

举个例子。你是一名销售人员，今年实际完成的销售任务是去年的150%，在全组中排名第一。因为有了这么好的业绩，你底气十足地跟领导要求马上给你提拔为销售部经理，他会同意吗？

很难。领导可能会推荐评选你为部门甚至公司的个人销售冠军，并发放个人绩效奖金，但他没必要给你升职。因为在他的眼里，距离成为一名合格的销售部经理，你仍然有差距。

想要成为一名销售部经理，你必须具备这三项能力。第一，不再是单打独斗，而是依靠团队协作，有更好的团队合作精神。第二，不仅完成自己的目标，还能带领和激励团队所有人一起完成，有更强的责任心。第三，帮助领导分忧解难，获得领导的充分信任和赏识。

所以，领导没有提拔你为销售经理，你也不要抱怨或者郁闷，请认真客观地反思一下自己，除了完成了 150% 目标的销售额，你平时有没有在领导面前表现出你已经具备了销售部经理的这些潜质和能力？

这也就解释了一种现象，即当公司空出一个岗位的时候，为什么领导宁愿花高薪从社会上招聘人才，也不愿意从内部进行提拔。因为从社会上招聘的人，他从业务经验和管理能力多方面都符合公司的招聘要求和期望，而你作为内部员工，虽然自认为有这个实力，也有意愿去做这些工作，但很可能这只是你的一厢情愿。

一方面，是因为你对自己的认知与领导对你的评价之间存在差距，说白了，就是你在领导心目中的印象远远没有你自己认为的那么好；另一方面，是因为你并没有在领导面前表现出来你有能力胜任这个岗位。

反过来说，如果你平时就已经能稳定地表现出超越本职工作的能力，贡献出超越本岗位的业绩，并且在领导面前进行了充分展示，被领导看到和认可，那么你被提拔的可能性就会大为提高，升职的机会自然就来了。

2.3.2　升职的类型

大部分的职场人都认为升职就是在职级上有直接且实质性

的提升，比如主管升为经理、部门经理升为总监等。这当然是一种最理想的状态，但很多时候你并不能如愿地一步到位就获得这个新职级，那这是不是意味着升职无望了呢？而升职是不是也只有提高职级这一条路呢？

其实，当你明白了升职的本质是能承担更有挑战性的工作和目标后，那么在你暂时没有获得实质上的升职前，完全可以通过争取一些"平级升职"的机会和任务来锻炼自己，在领导和同事面前展示自己的潜在能力。所以，我将为你介绍升职的两种类型：平级升职和向上升职。

1. 平级升职

平级升职，大致有如下五种情形。

— 成为骨干员工。
— 担任小组长。
— 牵头来领导跨部门的合作。
— 找机会向上两级大领导汇报。
— 抓住非正式的"领导机会"。

（1）成为骨干员工

在一个团队中，你和其他同事处于平级位置，如果你总能运用高效的工作方法达成良好业绩，远超平均水平，比如提前完成或者超额完成任务，那你就会成为领导眼中的"红人"，得到领导额外的关注，他也会给你更多的机会。

（2）担任小组长

在本部门内，有一些临时的项目或任务需要几个人共同完成，如果你有机会成为临时负责人，负责协调、推进和汇报项目进展，这样你就有机会跟领导进行深入沟通，并充分展示自己的能力。

（3）牵头领导跨部门的合作

在一个由多个部门组成的跨部门合作项目中，如果你担任牵头人，负责统一协调并推动该合作的实施，那么你不仅能在自己的领导面前，还有机会在大领导，以及其他跨部门的领导面前展示自己的能力。

（4）找机会向上两级大领导汇报

有时在某些场合或会议中，你需要向上两级大领导汇报工作，或者介绍项目的进展情况，这也是充分展现你的思路和实力的机会。

（5）抓住非正式的"领导机会"

这样的机会有很多，比如，给新员工进行入职培训；带领和管理部门的实习生；主持和牵头召开一些会议；参与公司活动的组织和策划，成为志愿者和组织者（包括聚会、晚宴、年会、家庭日等）；成为公司工会的成员；担任公司业余俱乐部的主席等。这些都可以提高你的组织协调能力，让你有机会在更多人面前曝光，获得潜在机会。

在上述这五种"平级升职"中，你虽然还没有被实质性提拔，成为真正的管理者，但是通过这些小的管理机会，你不仅充分锻炼了自己的组织能力，也抓住机会在上司面前展示你的领导潜质，同时也增加了你未来承担更具挑战性工作的可能性。

2. 向上升职

向上升职当然就是真正的晋升或提拔。这时你会面临两种选择，也就是两条晋升通道，要么走专家路线，要么走管理路线。这两条路线有何区别？又该如何晋升呢？下面就分别展开介绍。

（1）专家路线

专家路线，要求一个人在本领域和本专业内技能高超、经验资深、有独到的见解、能解决复杂问题、能给出解决方案。

想要达到这个水平和层次，就必然要求个人在本岗位、本行业浸泡和亲身实践多年，接触无数真实案例，并积累大量的一线和现场经验。可见，要往"专家路线"方向发展，有个硬性的要求和前提，即"同岗"。你必须在这个领域和岗位深耕多年。显然，对于一个频繁转行、转岗的人来说，几乎不可能达到专家水平，更别说沿着专家路线向上发展了。

专家路线从低到高可以分五级：初级人员、中级人员、高级人员、资深人员和专家，具体的称谓每个组织略有不同。

（2）管理路线

这条路线要求个人具备灵活的应变和处理问题能力，高效的协调沟通能力；有创新和团队合作意识；有能力带领团队迎接挑战，最终完成既定目标。

与专家路线相比，管理路线对于是否一直在本领域、本行业甚至同一种岗位工作并没有强制要求。当然，如果你能在同一领域和行业里做精做久、积累人脉和经验更好。

换句话说，想走管理路线，就比较强调你在相似或者同一类岗位的工作年限和经验的重要性，而行业的经验积累虽然重要，却不是必需的。

管理路线的升职，一般会经历六个级别，分别是：

— 第一级：从管理自己到管理他人。
— 第二级：从管理他人到管理主管人员。
— 第三级：从管理主管人员到管理部门。
— 第四级：从管理部门到管理事业部。
— 第五级：从管理事业部到进入集团高级管理层。
— 第六级：从进入高级管理层到出任首席执行官。

明白了专家路线和管理路线从低到高的级别，以及相对应的能力要求，你在判断自己到底是走专家路线还是走管理路线时，认识得就会更加清晰。

到底选择哪条升职通道不是拍脑袋或随意选择的，你要根据自己的专业优势、发展空间以及个人偏好，加以综合分析，从而明确自己的职场发展路线，越早定位越好，不要摇摆不定，经常变换。同时，不管你选择哪条职业路线，专家和管理这两方面的能力都要具备，只是说以哪一个为主，哪一个为辅。比如，做专家的同时也要有一定的管理能力，做管理的同时也需要具备一定的专家能力。

需要补充的是，不论是专家路线还是管理路线的升职，都不见得必须要在一家组织中完成，当你发觉在这个组织中，因为这样或那样的原因而升职无望时，也不要在一棵树上吊死，可以尝试通过外部跳槽路径去实现进阶。如何跳槽和进阶，可以参考本书前面关于制定职业规划的方法去进行。

2.3.3 升职的误区

面对升职加薪，你需要识别并且避免如下三大误区。

1. 不良的升职心态

在晋升之路上，有四种不良心态将成为阻碍你发展的因素，你可以对照一下检视自己，一旦有这种念头闪现，就告诉自己，这种想法对升职没有任何实际意义和价值，不过是自己的一种负面情绪，要尽快将其摈弃。

（1）我已经加入公司 ×× 年了，也该轮到我升职了。

这种心态可以说是非常普遍的。其实不管你加入公司多久，如果你在能力和素质等各方面还没有达到晋升的要求，领导就不会认可你。无论你想要升职的愿望有多强烈，这也是不现实的。

（2）同事小 × 都升职了，我并不比他差，我也该升职了。

评价别人能力高低，认为自己不比别人差，但这些并不是由你来考评的，要看上司对你的评价如何。如果上司对你的评价一般，并不认为你有突出的表现和能力，那么他就不会同意或满足你的升职要求。

（3）领导怎么会不知道我想升职呢？

如果你从来没有跟领导表达过你追求进步、想要进阶的想法，很多领导会以为你安于现状或者干脆装作不知道，所以并不一定会主动提拔你。

（4）跳槽去新公司，我肯定会升职。

这只能说是一种美好的愿望。如果能力不行，换公司的结果很有可能是你连试用期都没通过。

2. 不懂向上管理

不少职场人向上晋升的瓶颈之一，就是不懂如何跟领导和谐相处。很多人凡事都躲着领导走，过于惧怕领导的权威，因此逃避与领导接触、沟通和汇报工作。他们不明白一个道理，对升职加薪起着至关重要作用的人，是领导而不是别人。所以如果你不懂从领导那里争取和利用资源，为自己的向上进阶做铺垫，导致不会处理与直接上级、上级的上级的关系，搭建有价值的人脉，那么你就会错失机会。

除了这种人，还有一类人跟领导关系不佳，是因为他们总觉得领导没什么真本事，只是因为运气好才坐上了领导的位置，所以背地里经常说领导的坏话，抱怨公司。这样的人在领导心中就变成了问题员工，升职加薪的机会永远不会留给他们，当然他们也得不到重用和提拔。

在职场上，员工的工作安排、工作目标和绩效考核都是由领导来考评和定夺的，想要工作进展顺利所需要的众多资源和支持，也都是领导给予的。所以下属实在没有道理不主动积极跟领导保持密切沟通，建立良好的协作关系。

可见，不懂向上管理和高效沟通的方法，在升职加薪这条路上会非常吃亏，也将变得异常艰难。

3. 不懂营销和展示自我

针对升职加薪或者好的发展机会，有一类人会一味被动地等待公司和领导的安排，自己想要也不敢说。他们中有些人工作干得不错，却因为在应该展现成绩的时候，却经常退缩和自我否定，最后这种暗示就真的变成了现实。他们也就被人遗忘，变成别人眼中无事可做、可有可无的人。

缺乏自信，不懂适当展示和自我营销，总是担心自己不够完美，不敢、不想主动表现，不仅得不到认同和尊重，更无法让人信任和欣赏你，无法让人赋予你更大的责任，无法给你更多的机会。

学会营销自己，让更多人看到，才能得到认可并脱颖而出，这项能力是走向管理岗所必须具备的。主动展示自身实力所获得机遇的可能性，比等别人发现"你真厉害"的可能性要大太多了。

2.3.4 如何获得领导的认可

想要走出升职的误区，获得升职加薪的机会，你就必须重视跟领导的关系。想要在工作中赢得领导的认可，你可以从以下五个方面入手。

1. 主动沟通自己的工作目标

比如就自己的年度、季度、月度以及每周的工作目标，提前与领导沟通，了解他对你的工作期望和要求，以及明确你的工作重点。这样每到一个周期的期末，比如周末、月底、季度末或者年底，你就可以主动跟他沟通下个周期的目标：下一周、下个月、下个季度以及明年的工作目标。

2. 保持其认可的工作方式和习惯

对领导曾经表扬、欣赏和认同过你的那些工作方式或习惯，你要保持住并不断发扬和改进，这样才能让自己保持良好的工作状态，跟领导之间逐渐建立起信任度和默契感。

3. 及时汇报进展，争取必要的支持

要及时向领导汇报你手头在进行的工作进展，清晰地告诉领导你进行到了哪里、处于什么阶段、有什么风险及预防措施。如有需要，要及时向领导争取相应的支持和资源。

4. 经常超出领导的预期

争取让每一次工作的成果，都能超额完成或者尽可能超额完成，经常超出领导的预期，让领导对你的工作和业绩持续满意。

5. 定期向领导要评价

当你依据设定的目标开始执行的时候，不要闷头傻干，要定期询问领导对你的工作有何评价，包括下一阶段哪些工作是重点，哪些工作不是重点，自己的精力应该放在哪些优先级任务上。

要想赢得领导的信任和认可，你需要平时对领导多进行观察和思考，深入理解他的职责任务是什么、需求目标是什么、他有哪些长处以及资源、他的弱势或者盲区有哪些、他的底线在哪里、他对工作结果的预期是什么、他一般会顾虑、担心和恐惧什么，以及他的管理风格和习惯是什么等。

总之，走向升职加薪之路不是一蹴而就的，也不能全凭运气，要调整好心态，掌握系统的方法，学习向上管理的技巧，充分获得领导的信任，这样才会牢牢抓住宝贵的升迁机会。

2.4

↑

让工作效率翻倍的高效术

如果你想在职场上游刃有余，在保证工作认真努力的同时，更应该注重提高工作效率，高效地利用每一分钟，在同样的时间里做更多的事、做更有价值的事。

这一节，我将为你介绍提高时间利用效率的方法，以及如何让工作过程变得更专注、更聚焦的策略。

— 提高时间利用效率的方法。

— 提高有效专注力的策略。

2.4.1 提高时间利用效率的十个方法

1. 专一任务法

当你手头有多个任务时，先找出那些需要你独立完成，不需借助其他人帮忙，且会占用较长时间的事。通常来说，这种任务比较复杂、重要或优先级更高，这时你可以有意识地将其安排在一个专门的时间段里，一鼓作气地把它完成。

你可以抽出由你自己来主导和支配的时间，比如下午 3 点至 5 点，或者星期五的下午，在这个时间段安排做那些需要花较长时间且重要的事情，不受打扰地去完成。

2. 固定模板法

有些工作比较常规，需要在固定时间做固定的事情，你可以思考把这件事情程式化，按照一定的流程和模板去进行。比如，你跟领导、下属、同事或者客户会定期开常规会议或者项目进展会议，你就可以跟对方商议好每一次开会的固定流程和事项，采用统一的汇报模板。

当取得大家的一致同意后，你们就可以按照商定好的会议流程，使用固定的模板进行开会。这样就会节省大量的会议准备和沟通的时间，养成固定的习惯，同时参会者对会议的整体情况也会有清晰的认识和了解。

如果你跟领导有固定的一对一工作汇报会议，你可以尝试设计一个固定的模板，在固定的时间提前把文件发给领导，以便于他提前浏览。这样的做法，会让领导一目了然地看到你的工作进展，认为你很有规划性、逻辑性、有条理，看得出来你对工作很用心和认真，觉得跟你的合作高效且顺畅。

3. 工作清单法

每天下班前，你可以将次日待完成的所有任务或事项列出一个清单，第二天你就按照清单上的事项逐一去完成，当然如果需要，你可以根据当天的实际情况做一些补充。跟没有任务清单相比，这种工作方式能帮你避免遗漏重要事项，也为以后做工作总结留下参考。

为了让自己的工作更加从容，有掌控感，你要对每天安排的任务总体数量做一个合理的规划和安排。不能太少，这样工作量不饱和；也不能太多，那样负担过重，一旦完成不了，就为自己徒增焦虑感。

4. 文档整理法

做每一项工作或者项目的时候，你要有意识地回顾本次工作用到的文件、工具、内容、方法、模型、话术等，并思考下一次还能不能用到这些。如果能，就把它们归类整理到你电脑中的工作文件夹里。在下一次需要用的时候，就去文件夹里直接提取，而不需要从头开始重新创建相关文档。就算不能全盘拿过来直接使用，你也可以以此为基础，再去做相应的调整和修改，这样会节省很多时间和精力。

5. 授权他人法

如果你带领团队，那么你一定要学会适当地授权给下属，以提高自己的工作效率。下属最初对一个任务可能不熟悉，你需要花时间对他进行说明和辅导，这时你可能会忍不住想，与其这样费力地教人，还不如自己直接做更省时省心。

但其实并非如此，你只有教会了下属做事的流程和方法，他才会真正成长起来，承担更大的责任。你最初手把手地教他，表面上看似是浪费了一些时间，但从长远来看，当他熟练上手后，就可以把你解放出来，去做更重要的事，到那时你一定会把这个时间赚回来的。

6. 复盘计划法

你是否知道这个公式？ $1.01^{365}=37.8$ ； $0.99^{365}=0.03$ 。 1.01 跟 0.99 只相差 0.02，但是经过 365 次方后，得到的结果却相差了近 1000 倍。这就好比哪怕你今天只比昨天进步了一点点，就算只有 0.02 的进步，那么 365 天下来，最终的进步却可能是当初的 1000 倍。

所以，你一定要经常问自己："我今天是不是比昨天进步了一点点？"哪怕是有很细微的进步，都是值得鼓励的。

如何回顾和审视自己是否有在进步？是否按部就班地根据计划在行动？这就要使用到"复盘＋计划"法。

具体来说，就是你每天、每周和每个月写一下这段时间里的任务清单和计划，然后不折不扣地按照清单上的任务去执行。当期末也就是一天、一周或一个月结束的时候，你来对自己做总结和复盘，看看有没有朝着既定发展的目标和方向前进、提升和进步，哪些方面需要继续发扬，哪些方面需要调整、改善和避免。

这个方法会帮助你不断检视自己是否处于一个向上发展的过程。

7. 提前到办公室

如果可能，我建议你每天提前一个小时，或至少半个小时到办公室，这么做的好处有：

（1）避免通勤路上因为堵车而耽误时间和破坏心情。

（2）你会对自己的时间把握得很自信和从容。

（3）这样会适当地逼迫你早睡早起，不熬夜。因为你把自己的整个作息时间都提前了一个小时，所以肯定要早睡一个小时。

（4）给人留下勤奋工作的好印象。对那些最早到办公室做事情的人，大部分人都会对其产生好感。这种印象是非常直观和显而易见的。

那么提前一个小时到办公室可以做什么呢？首先，安排那些需要专注和思考，或者比较重要的任务来做。因为这个时间完全由你自己主动来支配，你可以去思考和撰写总结报告，起草跟上司汇报的重要邮件，制订阶段性计划等。

其次，为自己制订"一万小时计划"。就是通过一万个小时的积累，未来可以在某个领域，或者学习某项技能中达到高手水平。你可以利用每天早到的这一个小时去完成它，而且一旦如此，你每天会更加渴望提前一个小时到公司。比如做一些跟工作相关的技能或能力提升的事情，包括听课、看书、学英语等。

如果你无法提前一个小时，那就试着提前半个小时到公司。就算不出现在办公室，在公司楼下的咖啡厅里坐着，从容地去做你想做的事情也是很好的选择。

时间想要挤总是能挤出来的，关键在于你想不想把它挤出来。

8. 目标分解法

就是你可以将某个看上去比较大的、不易直接操作的目标，分解成可以直接执行的下一步行动。

人都是有惰性的，喜欢舒适，更倾向于选择简单的事情去做，所以会本能地逃避一些稍微复杂或麻烦的事情，一直拖延着不想去做。这时，目标分解法就派上用场了，你要仔细研究这件事的目标，并主动对其进行分解，分解成一个个简单易行、立刻就能上手去做的动作。

举个例子。你在工作清单上有一项任务是"我今天要好好学习产品知识"。"学习"这个目标看上去很模糊，学习的方式也有很多种，你要采取何种方式呢？从哪里开始学起呢？学习多久呢？按照第 1 章的内容，这个目标的设定是不合格的。以后你要尽量把这个目标按照 SMART 原则来重新设定。针对这个模糊的目标，你可以直接将其分解成具体的行动，比如我要在下午 16：00—17：00 认真学习公共网盘上关于 ×× 产品的技术手册和案例分析，并做摘要和笔记。

目标分解的目的是把你写在任务清单上的目标，转化成一系列具体的行动，把你的目标一直分解到忍不住动手为止。

9. 利用"外脑"法

人的大脑经常会遗忘，所以我们不能完全依赖大脑的记忆，要学会借助"外脑"，比如表格、邮件和会议，让它们帮助你记录事件。

首先，如何使用表格？

一旦养成了用表格记录计划、进展和待办事项的习惯，你思考和解决问题的思路就会很清晰，大脑会变得轻松很多。因为借助表格，你不仅记录了相关数据、事项的进展、过程和计划，也为做决策提供了非常可靠的依据和参考，工作上的压力自然就会小很多。所以，务必要有把工作上的事务都记录在表格里的意识。

其次，如何利用邮件？

这是指工作中有些事情非常适合用邮件的形式发送出去，而不是仅靠口头交代。因为邮件既可以起到正式通知的作用，又可以留下文字证据。不少职场人都没有这个意识，为此吃过亏，也踩过坑。

我有个学员就有过被别人陷害的经历。他曾经跟一位同事 A 口头交代工作，后来工作过程中因为 A 出现了纰漏，A 就在领导面前推卸责任，说我的学员没有交代清楚。学员很委屈，因为当时交代工作的时候，他不仅跟 A 讲过，而且将所有注意事项都讲得很清楚，确实有明确地提示过。但因为只是口头交代，无凭无据，A 就矢口否认，坚持说自己不知道。最终，领导还是认为是我的学员在工作交接上存在失误，我的学员吃了个哑巴亏。

如果学员当初充分利用邮件系统，把他跟 A 彼此认同的事情、他交代的事项都写在邮件里发给对方，那么当出现问题被领导追责的时候，就可以把这封邮件找出来，证明并不是自己的工作失误。

所以，你一定要有很强的邮件意识，重视书面凭证，或者在微信的聊天记录里也要有充分的体现。

最后，如何利用会议？

当工作中涉及与多位同事、多个部门打交道，且比较重要的事情时，建议你采用会议的形式开展工作。通过会议将这件事情广而告之，而不是只有你跟某位同事知道而已。同时，利用会议的形式，你也可以把一些任务分派出去，分到其他的相关部门或者同事身上，让他们来帮你承担一部分责任，而不是把所有的责任和任务都揽在你一个人身上。

通过表格、邮件和会议这些外脑的方式，将你自己从高压力状态中解放出来，你的时间使用效率就会提高，不会浪费在无效的扯皮和沟通上。

10. 委婉拒绝法

当有别的同事或者部门来找你，要占用你的时间去帮助他们做一些事情时，一般人通常会有两种反应，要么说"好啊"，要么说"不行哦"。但这些都不是很聪明的做法。因为如果你答应，这无疑会占用你的时间，而且你也不确定会占用多长时间；而如果你不答应的话，也就把对方得罪了，以后见面会有些尴尬。

这时，最好采用迂回的拒绝方式。有两个小技巧跟你分享："把猴子扔回去"，以及直接公开法。下面就分别介绍这两个技巧。

·技巧 1："把猴子扔回去"

"猴子理论"是由威廉·翁肯（William Oncken）的畅销书《别让猴子跳回背上》（*Monkey Business：Are You Controlling Events or Events Controlling You?*）中提出来的，书中把"管理中的责任或下一个动作"形象地比喻成猴子，而管理好猴子的关键就是明确责任所在方，不要让猴子跳来跳去，推脱责任。

拿上面提到的例子来说，别人找你帮忙做某件事情，你发现这件事并不由你负责，但对方却想把这件事或者责任甩给你。

这个时候，你该如何用"把猴子扔回去"的方法呢？

当同事跟你说："小宋啊，上午开会的时候，老板让我来找你做这件事，你看能不能帮忙做一下？"此时建议你这样回复对方："好啊，那麻烦你给我写一封邮件，然后抄送一下老板，邮件中请把你希望我帮忙做的事情写清楚，我会按照你邮件里写的内容去做，做完之后我会回复你的。"

这样你就把猴子又扔回给他了，为什么呢？因为这位同事回去要按照你的要求去写邮件，邮件中就要把待做事项写得很清晰，说不定他在梳理的过程当中会发现，这件事可能不需要麻烦别人，他自己就能做。即使后面他还是要请你帮忙做，那他在邮件里也已经把这个任务明确而清晰地列出来，事后不会扯皮，并且领导在邮件的抄送对象中，他自然会知道是你在做这件事。

通过这种方法，你做的这件事不仅让领导知道了，也帮了那位同事的忙，而且最后的功劳自然也少不了你，你付出的时间也是有价值的。

·技巧 2：直接公开法

这个方法是指你把对方让你完成的任务全程公开。还拿上面那个例子来说，你并不愿意去做同事让你帮忙的事，你就可以这样跟他说："可以的。其实我也不确定我适不适合做这件事。这样吧，我发一封邮件给我的领导，向他请示一下，听听他的意见，看他怎么说。"

跟同事讲完之后，你要跟自己的领导通通气，向他汇报刚刚发生的这件事，询问他的意见。如果领导让你接下这个任务，那你就不要为难领导，接下这个任务直接去做好了。但如果领导理解了你的意思，知道不适合你去做，而且他也比较支持你，那么他会给你发一封邮件，说你目前没精力或者不适合做这件事，你就可以把这封邮件转给那位同事，并说："我的领导似乎不同意我做这件事，很抱歉没帮上你的忙。"

在使用以上两个委婉拒绝的技巧时，要注意语言要柔和委婉，措辞不要激烈，这样他人才更容易接受和采纳。

2.4.2 提高有效专注力的策略

要想提高时间的利用效率，你还需要将注意力进一步聚焦，关于这部分，我要跟你分享为了提高有效的专注力应该采用何种策略。

在职场上，从事某项工作，完成某个任务或项目，我将其统称为"职场活动"。这些职场活动中，有的跟工作产出或工作成果直接相关，有的间接相关或无关。据此，我将职场活动分为三个类型，针对不同类型的职场活动，要对其分配不同的专注力，也就是说你对专注力的付出和使用应该有所不同。

第一种：与产出无关的活动。 盘点一下你每天的工作，哪些是跟你的工作成果没有太大关系的活动。比如你这段时间忙于做一个重要的市场调研项目，但白天经常被同事拉去开生产会议，或者帮财务部做宏观经济分析，这些其实跟你完成这个市场调研项目没关系，也没贡献，所以是无关活动。

第二种：间接产出的活动。 是指那些与你做的事情或与完成工作是间接相关的活动。这些活动包括收集资料、考察场地、查询信息等准备工作。拿上面的市场调研项目举例，为了写调研报告，你开始找公司的销售人员了解市场竞争情况，也开始收集第三方调研报告，在网络上搜集产品信息等，这些工作都在为你做市场调研报告积攒资料、数据和素材，所以就是间接产出活动。

第三种：直接产出的活动。就是你直接做的那些跟成果达成直接相关的工作，比如写规划、写报告、写总结、写方案、做策划、写提案、输出作品等。对于做市场调研项目来说，你开始着手分析数据，撰写调研报告等，这些都属于直接产出活动。

我有个读者曾经写自媒体文章，他发现自己每天会花七八个小时在网上搜集素材、找选题、看参考资料，经常是忙了一整天，到了晚上才发现，自己只是对素材的理解加深了，却一直还没思路动笔写文章。为此他很苦恼，来请教我该怎么办。

我告诉他，搜集素材和组织选题对于撰写文章来说都是准备工作，花些时间去做是没问题的，但你务必要给自己设定一个时间要求，比如写一篇文章预计需要三个小时，其中用两个小时来做准备工作，比如收集素材等，然后用一个小时动笔写框架、撰写文章。千万不能毫无时间限制地只做准备工作，也就是间接产出工作，反而一直不去做直接产出工作。他立刻采纳了我的建议和方法，经过几次实践后，他发现自己写文章确实变得很顺畅，效率也提高了很多。

那么，如何合理分配间接产出和直接产出的时间，确保自己的专注力更有效呢？我的建议是，一开始你用 70% 的时间搜集资料，30% 的时间用于输出，包括写报告、写总结、写方案、写建议、写计划等。随着你积攒的资料越来越多，你搜集资料的时间占比就会下降，真正用于输出的时间比例也会随之提高，这样才是一个比较合理的时间分配方法。

通过将职场活动按照其与工作产出或成果的紧密程度进行划分，你要把大部分专注的时间都放在直接产出的活动上，少部分用于间接产出的活动上，并且减少那些与产出无关的工作。

学习了这个方法后，建议你对自己最近完成的一个项目或任务做时间上的回顾和统计，看看在整个过程中，你做无关产出的活动、间接产出的活动以及真正用于直接产出活动的时间分别都有多少。如果统计的结果显示，你在前两项活动，也就是无关活动和间接活动上花费的时间要大于直接产出活动的时间，那么你就需要重新去审视和梳理自己的时间分配方法，思考如何才能使它变得更合理、更高效。

2.5
↑
必须具备的职场领导力

不管我们是作为普通员工，还是主管，想要让自己快速走上晋升的快车道，除了要具备前面四节所讲到的各项能力，还要有意识地培养和锻炼自己的领导力。

领导力方面的内容非常多，也很复杂，绝不是一节内容所能涵盖的，因此我挑选了两个维度来进行重点说明：

— 如何培养具备大局观的领导力？

— 带团队，如何激发下属的潜能？

2.5.1　如何培养具备大局观的领导力

想要成为管理者，就要注重培养大局观思维方式，这样不仅能提升自己的格局，给自己的同伴赋能，也能帮助你理解上司的思维模式，站在领导的角度思考问题。

大局观包括方向感、能量感和信任感三方面，下面就逐一进行分析。

1. 培养方向感

方向感就是无论问题或者任务多么复杂，头绪多么混乱，你总能牢牢把握住问题的本质和大方向，不被一时的困扰所迷惑，不纠结于一时的得失。

那么，如何提升自己的方向感呢？这里分享两个口诀：

（1）先目的后措施、先分类后解决、先整体后细节

看到这个表述，你是不是感觉很奇怪？这个口诀的意思是，当你接到一项任务或遇到一件事情的时候，遵循这个逻辑顺序

去采取行动，这样就可以避免冲突或以偏概全，从而顺利解决问题。为了帮你更深入地理解，我举个例子加以说明。

小林、小王、小张和小李四个员工策划一次客户推广活动，他们在会议室讨论应该给客户送什么礼物。

小王说："我觉得应该这样，客户购买产品满一万元，就送价值一千元的手机。现在我们来重点讨论一下送什么牌子的手机吧。"

小张说："一千元的手机能买什么啊，我觉得送个电子相册不错。"

小王听后，辩解说："虽然一千元的手机不算高档，但要比电子相册更有价值感。"

小李听了半天，说："太浪费了，一千块钱就这么送给顾客，大家有没有想过成本？"

大家不服气，七嘴八舌地互相辩论起来，半天没有什么结论。正在众人争论得不可开交之际，小林慢悠悠地发言道："各位，咱们先暂停一下，我先提出几个问题，咱们讨论一下。"

于是，他在白板上写下了这样几个问题：这次推广活动的目的是什么？公司给了多少预算？通过这次推广，想要提升多少销售额？给客户的赠品，公司有没有特殊要求或规定？

大家看后觉得很有道理，于是放下争议，就这几个问题展开了充分讨论，并很快达成共识。对于个别意见不一致的问题，他们决定交给部门领导来决策。

这样的情形在你的工作中是不是经常出现？下一次当你处理问题没有头绪的时候，建议学习一下小林，运用方向感思维方式，让其他人不知不觉地进入你的思维轨道，听从你的安排，把大局观方法套用到每一项具体的工作上，给团队带来清晰的方向感。

（2）站在比你目前的级别高一级的位置去思考问题

一般来说，普通员工主要考虑的是"完成个人工作和具体细节"，部门领导考虑的是"完成部门任务或整体项目"，高层考虑的是"企业战略和业务模式"。

如果你是普通员工，你要学会从部门角度、整体项目的高度来看待你目前的个人工作和执行细节；如果你是部门领导，就不能满足于仅仅考虑"部门或项目的进度"，而应该从"企业战略和业务模式"的高度去安排你的资源和进度。

站在比自己目前高一级的位置去思考问题，就是在锻炼和展示你的方向感，这样你就不会拘泥于总是站在自己的个人角度去考虑问题。

2. 培养能量感

有了方向感之后，还要培养自己的能量感。为什么呢？在职场上你总能发现有两种人：一种人，你和他在一起工作，总感觉使不上劲，充满沮丧；而另一种人，和他在一起，你感到如沐春风，干劲十足，也就是我们俗话说的"充满正能量"。这样的人总能影响到周围的同事，鼓舞大家努力前进，提升整个团队的士气，带来能量，这就是你要学习并做到的。那么如何提升能量感呢？分享如下两种方法。

（1）及时而具体的表扬

这个方法就是要学会发现同事身上的优点，这并不是随便敷衍地说句"你好棒""你真优秀"，而是在了解对方的工作成就和成果后，发自内心给出的一种真诚评价。

要想做到及时而具体的表扬，你可以使用这样的表达框架：你做得很好 + 为什么做得很好 + 我内心的感受。

举个例子进行说明。你和同事小林向公司高层领导汇报工作，在会上领导们针对汇报内容提出了一些质疑，但你们两人并没有被问倒，而是进行了从容自信的回答。

原来，为了能使这次重要的汇报工作顺利完成，前一周小林跟你进行了多次排练，也对汇报文件中容易被人挑出的问题查找了相关资料和数据，做了充足的准备工作。因此，面对领导们的疑问，你们才能有理有据地加以解答，令在座的领导非常满意，会议获得了圆满成功。

为了表达对小林的感谢，你可以运用上面的表达框架来进行表扬："小林，今天的会议这么成功（你做得很好），真是多亏你会前考虑得周全，做了充分而细致的准备，领导们那些质疑的问题都在咱们的准备范围之内，我看到他们对咱们的解释和回答非常满意（为什么做得很好）。你做工作太靠谱了，我非常佩服你的工作能力，以后希望还有机会跟你合作（我内心的感受）。"

如果你只是说"小林，你真厉害"，这也不是不行，但跟上文的表扬相比，显得过于敷衍，不够真诚，没有具体的表扬更能带给别人能量。

另外，请注意表扬一定要及时，要在事情发生后立即给予积极反馈，而不要拖到三五天甚至一个星期之后，才不得不去表扬对方，这会让对方感觉缺乏诚意，且莫名其妙。就算你因故当时没来得及向对方当面进行表扬，也可以第一时间用微信或邮件进行书面表达，这些都是妥当的方式。

（2）主动推动进度

这是提升能量感的第二个方法。一般来说，领导给下属布置完任务，最怕下属没下文，从不主动跟领导汇报进度，使得领导只能亲自去催作业、催进度。领导此时自然是不高兴、不满意的，他的心理活动是这样的：作为领导，我安排完工作，希望你能不断地主动来找我沟通，向我汇报工作目前的进展如何，是否需要我的协助或其他资源。当然，如果你还能提出建设性的建议，帮我补充之前没有想周全的细节，那就更好了。

"主动推动进度"这个方法，就是主动推着领导、同事、项目甚至客户前进。具体来说，就是你手头正在做的工作或者项目，每到一个时间节点，你就要主动跟领导或同事进行沟通，告诉他们目前的进展如何，是否遇到了问题，下一步的计划是什么，还需要哪些配合和资源。当然，也不要忘记分享好消息。

你的主动分享和推动，会让周围的人感到你身上充满了动力和能量感，有一种一直往前冲的精神面貌。

为了让你这种主动推动变得更加顺利，你还要研究如何让别人觉得你要做的事跟他有关系，甚至对他的工作也有好处，这样他就会更加有意愿支持你的工作。

总之，尽力调动各方面的力量和资源，让你负责推动的这项工作始终被大家关注，这样你在往前驱动每个人继续前进时就会变得更顺畅、更容易。

3. 培养信任感

如何让周围的同事信任你？方法其实有很多，比如你要敢于担当、坦诚待人等，这些大家都已经耳熟能详，我就不展开说明了。

这里特别想跟你分享一点，如果你能在关键时刻挺身而出，捍卫自己的权利，这同样可以赢得他人的信任。如何理解这一点呢？举个例子：你是市场部经理，与公司中某个销售团队一起合作，共同完成一个拓展新地区销售渠道的项目。你和该销售部经理一起审批通过了该项目的经费预算。但后来你却发现，销售部并没有把这些预算全部用于该拓展项目，而是偷偷地挪走了一部分，用于其他的客户推广活动。

遇到这种情况，你该怎么办？

一种做法是，你从市场部的全年推广预算中拿出一部分，帮助销售团队填上这个项目的坑。但其实这是错误的处理方式，因为这种忍让策略会降低下属对你的信任感，他们会觉得你是非不分，过于软弱，不可靠，总是把责任往自己身上揽，不敢为公司和部门争取利益。他们继续跟着你的话，未来自己也会吃亏，因为你不大可能会为他们去争取升职加薪等机会。

所以正确的做法是，你要立刻找销售部经理并与其进行沟通，明确告诉对方自己不但知晓他挪用预算的事，而且还决定把剩余的经费预算进行削减。如果对方认识到错误，并把挪用的费用重新补回项目中或者有其他的补救措施，你可以从公司利益最大化的角度再去评估是否需要削减预算。

这样的处理方式，让下属看到你有原则、负责任、不糊涂、敢反击，他们对你的信任才能真正地建立起来，而不是因为你是个"好说话"的老好人才信任你。团队的合力、向心力也会越来越强，而这在你的领导面前也是加分项。

在团队中，一个喜欢欺骗、攫取他人利益和资源的人，可能会一时得逞，但从长期来看，并不受欢迎，甚至是很危险的；另外，一个唯唯诺诺，被人欺负，手中有资源也不能善用，甚至总是被抢走资源的人，也是缺乏领导力和魄力的，领导不会对其委以重任，更不会让他得到晋升和提拔。

总之，培养具备大局观的领导力，要在方向感、能量感和信任感这三方面持续锻炼和实践，运用这种无形的领导力有效地帮助同事、下属提升水平，达成目标，提高业绩，并且让领导和公司看到你的潜在能力，获取他们的信任，这样他们才会将更具挑战性的工作交给你，赋予你更大的责任。

2.5.2　如何激发下属的潜能

当你拥有了大局观的领导力，并被提拔担任初级管理者后，遇到的第一个问题不是如何在业务领域更加突出，而是要学习如何从管好自己一个人向管理团队转变，学习如何激发下属的潜能，让大家朝向一个目标高效工作。

当然，此时此刻如果你还没有晋升为主管并带领团队，这也没关系，我希望你先学习这部分内容，用随时准备成为一个管理者的思维，站在管理者的角度思考问题，这样在你真正成为团队主管时，才能从容地在新岗位上开展工作。

1. 初级管理者的六项工作重点

（1）制订计划

指公司给你的团队分配了整体工作目标后，作为主管，你要根据该目标梳理出清晰的思路和计划，具体做什么工作，采取什么行动才能在某个期间内达成目标。

（2）知人善用

深入了解下属每个人的性格和优势，充分发挥其擅长的地方，分配适合的岗位，团结一致地完成团队整体目标。

（3）目标分解

将团队总目标进行分解，并把分解后的子目标配置给适合的下属，督促其完成各自的子目标。

（4）激发潜能

运用恰当的物质和精神激励手段，激励下属充满动力地工作，愿意为团队付出，共同完成团队目标。

（5）辅导教练

对下属进行有针对性的辅导，并教他们独立完成工作。这里面的重点是把工作的流程和步骤讲清楚，让下属明白如何入手，如何开展工作，以及工作成果的衡量标准。

（6）及时反馈

定期跟下属沟通并反馈他的工作情况和表现，告诉他是否完成了本月、本季度或者本年度的目标，哪些地方做得好，要继续发扬，哪些地方还存在不足，后期要如何改进。

以上六点对于刚晋升为初级主管的你来说非常重要，做到这六点会让你立刻进入工作状态，明白在新岗位上的工作重点是什么。如果你还没有成为管理者，也可以在平时多去观察你现在的上司，为你以后的晋升打好基础。

2. 如何激发下属的潜能

在管理下属的过程中，用行政权力去命令和强压下属并非长远之计，也很难调动下属的工作积极性，所以要学会运用激励手段去激发他们的工作热情，让他们能自觉自愿地投入工作，积极主动地完成各自设定的目标，甚至超额完成。

（1）激励下属的三种方法

第一，自我价值实现。你可以运用金钱或物质手段去激励下属，但不能经常使用。你更应该重视的是如何让下属在工作中找到实现自我价值的方法，这才是长期持续且效果显著的，升职涨薪就是他们自我实现的一个结果而已。

第二，目标和结果导向。让下属明白在关注工作的进度和过程的同时，更应该为实现目标、完成结果而负责。同时要让下属看到实现目标后他可以获得什么，会带给他什么收获、成长和进步。

第三，培养团队凝聚力。在激发个人潜能的同时，也要培养团队的凝聚力，激励大家为实现共同目标而努力。让团队成员知道如果大家一起完成了团队目标，可以为集体争光，获得集体荣誉感。

以上三个激励下属的方法，你可以根据员工的具体情况灵活运用。另外，有些管理者在采用激励方式时有误区，认为下属来公司上班，公司提供了良好的办公环境、五险一金、免费三餐、交通补贴和电话费用补贴等，这就是对员工的激励措施。其实不然，公司提供的这些都属于普通福利范畴，没有人会仅仅因为这些就能激发出无穷的工作动力。

（2）如何鼓励下属完成挑战性目标

对于有潜力的下属，你要不断鞭策他向上走，给他设定高目标，让他去尝试完成更有挑战性的任务。在此过程中，他不仅能学到新东西，锻炼新才能，也更愿意留在团队中不断进步。

那么如何鼓励下属有意愿地去完成挑战性目标呢？可以遵循如下步骤。

第一步，设定进阶性目标。跟下属一起讨论并制定他工作的三级目标：基本目标、优秀目标和挑战性目标。越往上一级，目标越高，完成难度和复杂度越高，但带来的工作绩效和结果也会越好。

第二步，协助制订行动计划。跟下属一起探讨，为了完成上述三级目标，他分别需要什么样的支持和资源。对于这些支持和资源，哪些是你作为上司就可以提供和满足的？哪些是需要向公司申请和争取才可以获得的？

尤其是最高级的目标——挑战性目标，你要全力支持下属去尝试并完成，这也是你们两个共同一致的目标和诉求。只有这样，下属才会拼尽全力，奔赴更高一级的目标。

第三步，明确奖励计划。不管是物质激励还是精神激励，下属完成了优秀或挑战性目标都是值得鼓励和奖赏的。所以你在给他们设定好三级目标后，同时也要清晰地告诉下属，完成不同级别的目标，会得到什么样相对应的奖励或激励。

第四步，监督下属高质量执行。针对优秀目标和挑战性目标，你不仅需要跟下属一起讨论并制订出行动方案，他在执行的过程中，你也要给予必要的支持和帮助。同时要在时间节点上跟他一起进行复盘，确保他一直处在正确的轨道上，且执行质量并没有打折扣，一路推动他走向更高级别的目标，直到成功完成。

这一路你都在不断地给予下属必要且及时的激励，让他感觉自己的能力不断在提升，经验在积累，整个人也处于向上的进步状态，这样他就会觉得跟随你是非常值得的一件事。

另外，想要更加有效地激励下属完成高目标，你可以问他这样几个问题：

— 你现在手头在做的工作，想要达成的结果至少是什么？

— 对于目前这个项目，你觉得自己全力以赴了吗？还有哪些方面有提高的空间？

— 如果说能让你目前的业绩提高 50% 或者翻倍，你需要有什么额外的支持或资源才可以达到？

询问下属这几个问题可以启发他们如何能将工作目标从基本目标提升到优秀目标甚至挑战性目标，他们的能动性和绩效会随之提高。而如果他们做了超出目标的业绩，作为管理者的你，绩效也必然会更加优异。

当你没有成为管理者时，要不断积累和展示自己的影响力，影响他人和你一起完成共同的目标；当你成为管理者后，要慎用行政权力，学会激励和引领下属，自觉自愿地为团队工作。这些都充分显示出你具备强有力的领导力，这才是你能获得上司的认可并能持续进阶的关键要素。

第 3 章

学习力——高效学习

3.1
↑
走通学习闭环

当你制定了人生每个阶段的规划，明确了职业发展的方向和目标，就开启了不断进步和向上攀登的成长之路，而这一路上你需要升级认知和思维，学习新知识、方法、技能和经验。可以说，学习将伴随你一路成长的始终。

这一章我们将步入高效成长模型中的第三力——学习力，掌握高效学习的过程、步骤和方法。

这一节，我将为你介绍：

— 学习的误区。
— 如何搭建知识体系。
— 闭环学习的六个步骤。
— 掌握高效复盘的方法。

3.1.1 学习的误区

我在某家世界 500 强公司工作的时候，每次面试候选人，一定会问对方这样一个问题："你最近在看什么书？"或"你最近在学习什么内容？"

假如候选人对这个问题的回答支支吾吾，或者说自己工作太忙没时间看书，那我基本会把这个人在整个候选人清单中往后排，甚至淘汰出局。这背后的逻辑其实很简单，学习力是职场的核心竞争力之一，通过考察一个人在工作之余学习的时间、频率和深度，基本可以推断出他未来的发展潜力如何。

学习的重要性毋庸置疑，但很多人对学习还存在很大误区，这里总结几点，你看看自己是否不知不觉已经走入了这些误区。

误区一：习惯闭门造车。 这类人做事情喜欢用蛮力，习惯于凭自己的实践去获取经验，不知道或者不愿意通过学习快速找到解决问题的办法，提高工作效率。

不管是通过自己去搜寻相关资料，还是向有经验、资历深的人请教，这些学习方法都可以尝试和运用。但如果只是闷头蛮干，极有可能发生的结果就是要么费了半天劲没做出来，要么是用了费力且效率低的办法，影响整个工作的进度和效果。

误区二：过度碎片化。 这类人自称"爱学习"，总是随大流购买了一堆书籍，电脑里也下载了各种课程资料，手机里收藏了许多大咖的公众号和短视频，看似每天都在学习和吸收，但是因为时间和精力的使用过度碎片化，并没有形成自己的系统思考和知识体系。

他们在学习的时候，激动又满足，仿佛是只要看过了，自己就掌握了相关的知识和技能，但实际上看完转头就忘，更别说学完付诸行动，并用实际行动去改善工作和生活了。

误区三：缺乏总结复盘。 还有一类人他们掌握了一定的学习技巧和方法，在工作中加以应用后，在某一段时间内能力确实得到了提升，但过一段时间后，他们就会发现自己不再进步，原地不前，甚至出现倒退、走下坡路的情形。

这是因为他们没有养成在实践中及时总结和复盘的习惯，即，持续发扬做得好的地方，审视做得不足背后的原因，以及下一步该如何调整和改进。如必要，还要再学习其他相关的知识和经验。

因此，如果要避免这些学习误区，就一定要完成学习、行动和复盘这样一个学习的闭环。

学习不是单纯和被动地碎片化吸收他人的知识，一定要转化为自己的理解和认知；行动是指学习后要采取行动，改善现在的状况，直到达成既定目标；复盘是指从实践中总结和复盘成功经验，将做事情的步骤和流程标准化。三者的结合才是一个完整的学习闭环，想从低效学习跨越到高效学习的阶段，这是必然要经历的学习过程。

在真正开始闭环学习之前，你还必须先树立学习目标，搭建自己的知识体系，这样才能做到有的放矢，将有限的精力投入在真正要去掌握的知识上。

3.1.2　如何搭建知识体系

上文曾讲过，现代人很容易陷入碎片化学习的误区，花了很多时间在看书、上课、读文章、刷视频上，沉浸在自己正努力学习的感动中。但事实上经常是三分钟热度，并没有持之以恒地坚持下去。表面上看，工夫花了不少也学习了很多，但实则根本没学会、学懂和学透，所以并没有实现预期的学习成果，甚至什么都没学到。

所以，要想学习见效果、有成果，就必须摈弃毫无目的以及学习过于随意的习惯，在明确人生目标、职业发展目标的基础上，梳理自己的能力和知识地图，针对自己缺失、不足或者需要提升的部分，搭建学习的知识体系。同时不要忘了，在制订学习计划的同时，要加上时间这个维度，比如是每几年、每年、每个季度、每月或每周你的学习目标是什么，要完成哪些特定的主题及学科的学习。

你需要一边学习一边将学到的内容付诸行动，改进自己的行为和习惯，并不断总结复盘。只有这样你才能将外部摄入的知识真正内化为自己的认知、思维，实现能力的真正飞跃，这也就是我们常说的，你已经从固定型思维的人转变为成长型思维的人。

反之，如果你只是如同书虫般地看完书、学完知识，那就只是完成了头脑里的一场激情盛宴，而你在真实生活中的理念和行为方式并没有发生根本性的变革，因此即便在短期内看到自己有了些许的提高，但不久后必然又回复到以前的状态，回归原点。

那么该如何系统地搭建自己的知识体系呢？如何让自己真正地发生改变呢？一共分为三个阶段：

—— 设定框架。

—— 分解细节。

—— 动态优化。

1. 设定框架

在第 1 章和第 2 章中，我们学习了该如何设计人生规划和职业规划，也在不同的阶段制定了阶段性目标，那么为了达成这些长、中、短期目标，你要去设定行动路径和计划，然后客观分析自身既有的能力水平、优势和劣势，以及到底需要掌握哪些知识、技能、方法和经验，才有资格踏入行动之旅。这其实就是从目标倒推到行动，再从行动倒推到能力的过程。

举个例子。假设你是一名市场专员，你的职业发展目标是 10 年后成为某世界 500 强公司的市场部经理。那么你的行动路径应该是跳槽到某世界 500 强公司，获得领导的信任和认可，洞悉企业战略和市场发展状况，领导市场部在公司品牌建设、数字化线上营销、市场活动策划、整合营销传播等方面做出突出业绩。

因此，你需要具备的关键能力包括通用能力、业务能力和管理能力三大板块。在通用能力板块，包括战略规划、目标管理、逻辑思维、公共演讲、高效学习、向上管理、高情商沟通、问题解决等方面；在业务能力板块，你需要掌握市场营销、销售管理、品牌管理、数字营销、营销组合等专业知识；在管理能力板块，你要具备团队管理能力、领导力等。这些其实就构成了你的能力和知识框架图。

2. 分解细节

针对上面三大模块的能力和知识框架图，下一步就要评估自己在每一个能力和知识维度方面的现状，最重要的是找到差距以及提高路径，将每一个能力的养成和提升进一步细化成学习的行动计划，比如通过自主学习、报班上课、考证书、考学历、请教专家，或者通过特定的项目在实践中积累经验等方式来实现。此外，一定不要忘了加上开始和结束的时间，以及检验你已经具备这项能力的标准。

在这个学习的行动计划中，你可以根据自己的业余时间总量，每年给自己规定学习 3~5 个主题的内容并完成训练，是平行学习每个主题还是一个主题结束再开始一个新的主题，完全可以根据你自己的喜好和习惯来决定。你也可以在分别实践了这两种方法后，再来评估到底哪一种更适合自己，学习效果更好。

学习的过程包括输入和输出两部分。只有输入，没有输出，其实就是学了个热闹，并没有转化成自己的独立而系统的思考，也无法实现内化，所以一定要有一定形式的输出并进行存档，比如你可以写读书笔记、学习笔记、课堂笔记、学习感悟、文章甚至文献。

3. 动态优化

学习并实践后，并非一劳永逸，你需要结合自己的工作实际情况，亲自体验、监督和总结，动态优化和调整你的学习计划及学习方法，持续不断地自我精进。评估你的整个能力和知识体系，查看规划和布局是否合理，是否仍有需要补足的部分，以及哪些部分需要加快节奏，哪些还需要进行反复实践。

比如，每年年底，对你的能力和知识框架图进行一次年度梳理，研究需要增加、删减、改进哪些学习主题，并把过去一年的输出物，如上面所列出来的学习笔记、文章等进行整理汇总，记录自己的学习旅程和成长脚印，有机会的话还可以编撰成册或者出版，分享给更多需要的人。

3.1.3 闭环学习的六个步骤

在搭建完知识体系后，我们就进入了每个主题的学习过程。这里我要跟你们分享闭环学习的六个步骤。

什么是闭环学习？顾名思义，就是让我们的学习达到闭环的状态。学习的过程是输入、输出、得到反馈，再继续输入、输出、得到反馈，如此形成了一个完整的循环过程。就某个主题的学习，可分为如下六个步骤：

· 确定学习目标。

· 搜索整理资料。

· 按照计划学习。

· 进行输出总结。

· 在实践中运用。

· 持续复盘改进。

1. 确定学习目标

根据个人能力和学习框架图细分学习主题，确定每一次的学习目标，包括要达成什么学习效果，有什么交付物或输出物，如何衡量是否掌握了知识或技能的标准。

当然要给主题学习分配合理的时间，因为如果没有充足的时间，想要学习任何东西都有如纸上谈兵、缘木求鱼。

2. 搜索整理资料

确定完学习目标，你要针对本次的学习主题，从网络、书本或课程中搜集相关资料并进行整理。不管你是用思维导图，还是用学习笔记的方式，尽可能将其整理成有系统、有逻辑、有层次的体系，把自己之前的想法、观点与所学到的新知识进行对比，找到差异点，并进行深入分析，从而修正并升级自己的认知，形成自己新的知识体系。

3. 按照计划学习

根据你本次学习的时间表，你要制订年度、季度、月度甚至每周的学习计划，包括每个阶段的学习小目标、学习进度以及学习的载体。学习载体，就是你计划阅读什么书、听什么课程或者参加什么培训，将它们作为知识输入的来源。

我建议你每完成一个小目标的时候，都给自己一个小鼓励，形成正向反馈。比如你想买的一些东西暂时不买，等完成一个小目标时将它作为对自己的奖励再去购买。

4. 进行输出总结

将阶段性看过的书本、听过的课程、自己的思考、有用的信息等内容进行及时的输出和总结，并进行书面存档。比如每日学习的读书和听课笔记、用来记录有用的碎片化信息的随手记、根据近期学习所撰写的文章和感悟，以及每周总结的学习和行动成果。

5. 在实践中运用

当你完成本主题的学习，学到某项技能或某个方法后，不要仅仅是获得了认知的提升或改变，而且要制订行动计划，将其运用于实践中，并对执行结果进行记录。

如果不进行实践，无异于纸上谈兵，你永远不知道现实中会遇到什么问题，细节上如何操作，有哪些容易被忽略的情形，哪些坑可以避免踩到，遇到不同情形该如何灵活处理等。

总之，即使你想得再清楚，都不如亲自去运用一遍。当真正面临问题的时候，你很有可能发现这与你之前的思考存在着千差万别，而只有那些经过自己亲自实践检验过的知识，才能化为有效的自身技能。

正如那句话所说的：实践出真知。

6. 持续复盘改进

在实践了所学知识和技能后，如果你只是埋头苦干，却从来不进行回顾和复盘，那就无法将自己做得好的地方固定和沉淀，形成标准流程和方法，并形成属于你的新知识模型；将做得不足之处加以改进和优化；将阻碍或者经常让你内耗的地方彻底摈弃掉。

没有复盘，短则会影响你的学习和吸收效率，长则最终会让你距离实现人生或职业规划的目标越来越远。

复盘是闭环学习的最后一步，也是非常关键的一步。可以说，没有这一步，就无法形成学习闭环。

下面，我们将专门来学习如何进行高效复盘。

3.1.4 掌握高效复盘的方法

在我们身边有一类人，他们的进步特别快，常常是三四年的工作阅历比别人十多年的成就还要优秀。那么，他们是如何做到这一点呢？有什么秘诀吗？

其实这类人进步如此之快的原因之一，就是他们学会了如何进行高效复盘。

1. 什么是复盘

"复盘"原来是个围棋术语，本意是对弈者下完一盘棋之后，重新在棋盘上把对弈过程摆一遍，看看哪些地方下得好，哪些地方下得不好，哪些地方可以有不同甚至是更好的下法。这个重新走一遍并且思考的过程就称为复盘，也称为复局。

2. 复盘的九个步骤

第一步：选择复盘内容。将本次主题学习的学习目标或者学习重点，作为复盘内容。比如你这段时间想提升公共演讲水平，那么就把最近你参加过的演讲活动作为复盘内容。

第二步：整理相关材料。把你曾经总结的相关资料整理好，比如学习笔记、流程步骤、演讲视频（如有）、演讲效果、演讲反馈等。

第三步：列出当初的目标。把最初制定的学习和提升目标完整地列出来。这时，你就会发现有些目标是明确的，有些是并不明确的，甚至可能存在问题。但你先不急于分析，只需列出来即可。

第四步：描述执行的过程。将自己学习和执行的过程详细而客观地描述出来，此时并不需要你对自己进行评判和分析。比如你曾经参加过什么演讲培训，学习了什么方法；参加过什么演讲活动，你是如何准备和发挥的等。

第五步：评估目标和结果达成。将目标与实际完成的结果进行比对，会出现三种结果：超额完成、完成、未完成。接下来你要去分析和寻找目标与结果之间是否存在差距，如果有差距的话，找出导致出现这种差距的原因是什么。

比如关于提高公共演讲能力，你当初设定的目标是：三个月内，在部门会议中的发言做到逻辑清晰、言之有物、从容自信；三个月后的结果是：你参加了三次部门会议汇报工作，在最后一次会上，当领导质疑你的工作内容时，你因为现场紧张而不知所措、语无伦次，领导对你并不满意。

第六步：**自我反思，认真剖析。**自我反省要客观理性，你在哪些方面并没有尽全力去完成，是因为性格、心态、懒惰、侥幸、盲从，还是因为其他不当的思考方式以及处理问题的方式？只有经过这种深度剖析和挖掘，你才能更加深入地认识自己，实现真正的自我成长。

比如对于上述演讲发言的例子，事后你分析造成会上表现不佳的原因是，你事先只是针对演讲稿本身的内容做了准备，并没有考虑到现场可能会发生的突发情况，当然也没有对被质疑的问题准备应对之策，是自己考虑问题不全面，准备不足。

你看，只有真正理解了问题是什么、根本原因在哪里之后，下一步才能想到行之有效的改进和弥补方案。

第七步：**总结规律和经验。**从自己的实践和行动中学到经验教训，发挥优势，改进不足之处，并将总结出来的规律和经验付诸后续的改进。比如，你可以思考这样几个问题：

— 通过学习和实践，你学到了什么新东西？

— 当其他人打算学习同一个主题并提升该项能力时，你会给他什么建议？

— 后续为改进该项的学习方法，你打算做什么？哪些行动现在可以直接开展？哪些行动需要具备一定条件或资源才能开展？哪些行动需要继续重复采取？

— 你需要停止或以后不再采取哪些行动？

比如关于提升公共演讲能力，经过反思，你认为以后要加强事前的排练质量，针对演讲内容中容易引起质疑或者争议的部分，一定要提前做好调研，包括起源和背景、有关支撑数据、合理务实的解释，回应话术等。在生活中也尽可能地去争取更多的演讲机会，发挥"台上一分钟，台下十年功"的精神，让自己习惯于在多人面前发表演说。

你总结的上述方法和规律，能适用于以后的每一次公共演讲或表达活动。

第八步：进行推广应用。将你对经验和规律的总结进行推广应用，令它们不仅仅适用于现有的场景，也同样可以应用于工作和生活中的其他场合。

比如上述的方法和规律，可适用于竞聘演说、产品宣讲、员工大会、跨部门项目、促销活动等。所以，复盘总结出的正确规律，对你日后的工作将起到非常大的推动作用。

第九步：经验保存归档。经过上述八个步骤，你要把关于该项能力学习和执行中的资料和思考过程全部进行归档，把经验和规律保存起来，以便日后更好地应用。

3. 复盘模板参考

这里我分享两个复盘的模板，你可以根据自己的喜好进行调整和改进。

（1）每周学习复盘模板

这个模板的结构很简单，包括复盘、策略和计划。

①复盘

— 本周学习了什么？

— 本周学习的进展如何？是否按照预想的方向前进？

— 在将学到的方法或技能运用于实践的过程中，遇到了
  哪些问题？分别是什么原因造成的？如何去规避？

②策略

— 目前学习和实践的内容，符合最初设定的目标吗？

— 目前学习的方式、内容或进度是最适合自己的吗？有
  没有其他可能性？

③计划

— 下一周的学习目标和计划是什么？

— 如何分解这个学习目标？应该在什么时间完成？

（2）月度学习复盘模板

包括三方面：本月学习目标、行动复盘和下一步计划。

①学习目标

在本月的学习过程中，你想要达到的目标有哪些？比如学

习量、学习进度、掌握程度等。

②行动复盘

将学习内容运用于实际行动后，回顾如下要点：

— 做到了什么？

— 没做到什么？

— 如果没做到，原因是什么？

— 本月的行动对自己有什么启发？如何改进？

③下一步计划

— 应该结束哪些不恰当的尝试或不良习惯？如何结束？

— 需要开展哪些新行动？如何展开？

— 需要继续保持哪些有益的行动？

另外，关于复盘工具，你可以使用常见的 Word、Excel，也可以使用其他工具，比如石墨文档、印象笔记、幕布等应用程序。

我建议你尽早学习和掌握闭环学习的步骤，建立知识输入与输出的习惯，每天更新自己的思维认知、生活习惯、行为方式和人生理念。哪怕每天只进步一点点，只要坚持下来，持续积累，你就能真正通过知识和技能的学习，实现有效的自我提升，并改变自己的命运。

我经常跟学员说，有时你觉得改变很难，拼命努力往前冲，但却始终看不到希望，你有没有想过是因为方向跑偏或方法错误？改变其实很简单，只要你把握好大方向，并用对方法，勇敢迈出第一步，然后死磕下去，决不后退，那么胜利其实就在不远处。

3.2

↑

吸收率达 90%以上的高效学习法

在学习力的打造过程中，我始终强调高效学习，拒绝"学了忘、忘了学"这种低效甚至无效的学习状态，停止无休止的恶性循环。在上一节中我带你走通了学习的闭环，使你真正理解了学习的过程和步骤。在这一节，我将继续分享高效好用的学习方法，助你用同样的时间，轻松掌握比别人多两倍的知识，假以时日，你就能跑得比别人快几倍，在人生和事业的进阶之路上持续放大优势。

本节会为你介绍两个经典的学习方法：

— 以教促学法。
— 锥尖学习法。

3.2.1 以教促学法

1. 学习五步骤

任何一本书都有一条主线或者一个核心观点，读完一本书以后，你是否已经了解并掌握了这个核心观点？能否简单明了地将其概括出来？有的人说，看书的时候感觉都读懂了，但是看完后，又觉得很多内容似是而非，甚至很快就忘了，这其实就是并没有真正掌握书中的内容。

所谓"以教促学法"，就是倡导把书读薄。当你把书合上后，根据自己的记忆和理解，能简明易懂地将书中讲述的观点、概念和方法，用自己的语言说出来。只有这样，才能说明你对内容的理解足够深刻。尤其是当你学到一个新的知识点或是新概念的时候，用"以教促学法"特别有效。它的学习过程是这样的：先学习某个新概念，在充分理解书本、资料或课程里所阐述的内容后，你再尝试将其讲解或者复述一遍，看自己能不能讲清楚。

如果第一次讲解并不顺利，对细节说不清，逻辑对不上，或者说不下去，那你需要再次回顾所有资料，尤其对印象模糊、讲不清楚的部分，要反复咀嚼加深理解。如果第一次讲解很顺利，那么你在讲完该新概念后，就要回顾一下讲述的过程和所讲内容，是否还有不尽如人意之处。如果不满意，就要重新回到回顾内容的步骤，继续研究整个复述的细节；如果很满意，就尽量试着用更为精简和通俗的语言加以解释和概括。

将整个学习过程总结为如下五个步骤：

第一步：明确目标。

第二步：搜集资料。

第三步：讲解复述。

第四步：重新梳理。

第五步：简化语言。

其中第五步最关键。因为在这个阶段，你不是照本宣科或死记硬背书本、资料里的表述框架，而是要把查询、搜集和整理好的关于这个新概念的所有信息和资料打散重组，变成自己脑子里的知识，融进自己的思维体系，用自己的语言简明易懂地讲出来，让别人能很快理解。

下面就详细分析这五个步骤。

第一步：明确目标。你要明确此次学习的目标，是要学习一个新概念？还是要理解一个新观点？又或者是掌握一个新方法？确立好学习主题，才能有的放矢，有针对性地进行阅读和学习。

我一直提倡学习要有些功利性，毕竟人的时间和精力有限。各种书、知识和信息浩如烟海，若想要随心所欲地去学习和阅读，是永远也读不完、学不完、学不尽的。所以，不如将有限的时间花费在那些可以帮自己解决思想认识、知识补充和经验欠缺的问题上，有选择地去读书、上课和学习。

第二步：搜集资料。确定了学习目标后，就把手头的资料整理一下，包括书、文章、课件以及网上信息，查询、搜集和阅读跟学习目标相关的所有内容，比如想要理解的概念的各种阐述和释义，同时做必要的笔记。

在整个学习过程中，当你遇到一个重要的、从没见过且不好理解的新术语或者新概念，就记录在旁边的笔记本上，先尝试通过反复研读手头的资料，看看是否能将其弄清楚。读后如果仍然存有疑惑或不解，那么你可以借助网络进一步查询，或者找身边朋友请教，还可以进行付费咨询，直到彻底明白和理解。

第三步：讲解复述。理解了某个主题和你能清楚地讲给别人听是两回事。此时来到第三步。"以教促学"中的"教"就是在这一步实施的，也就是你要模拟教学的方式向别人——你的听众来讲授这个概念、知识或方法。

讲授意味着你并不只是将书本上的内容背下来而已，你要将其转化为你的理解和语言，并讲解和复述出来。当然，你可以先把要点记录在笔记本上以厘清你的思路。

不要把面前的听众当作跟你一样已经了解过这个主题的人，而要把他当作新手，而你则作为老师正在教室里向学生解释这个概念。如同老师需要提前备课一样，此前你为了深入理解这个主题，曾大量查询书本、资料和各种释义，并记录了要点，那么你在向眼前的新手进行阐述时，要尽量用简单易懂的语言进行描述，一字一句地讲给对方听，让他能听懂、听明白。千万不要用模棱两可、模糊不清、语焉不详的词语。这时，你可以通过观察对方的表情来判断自己是否讲清楚了，或者直接问他是否理解。

在讲解和复述的过程中，你极有可能会出现这样几种情况：

— 讲不下去、卡壳了。

— 个别知识点没有理解透。

— 不知道如何自圆其说。

— 无法深入讲解细节等。

出现以上情形的话，说明你对该主题并没有完全明白和理解。但你也不必因此灰心丧气或惊慌不已，因为这是常见现象，会发生在很多人身上。此时该怎么办呢？下面就进入"以教促学法"的第四步。

第四步：重新梳理。

当你讲不下去时，要把遇到的问题、讲得不顺畅或一知半解无法深入的部分加以记录和整理，然后把手头所有参考资料重新回顾和巩固一番；或者在网上提问，搜寻答案；或者请教同学、朋友和行家。通过这些方式力求把不清楚的知识点阐释和梳理清楚，等自己清楚理解后，再继续把它讲给你的听众。

举个例子。你在生物学课程中学到了一个新概念——干细胞，你把它记录在本子上，并标注出书中的阐释：干细胞，是原始且未特化的细胞，它是未充分分化、具有再生各种组织器官的潜在功能的一类细胞。你发现自己对于"特化""分化"这两个概念不太清楚，于是把它们也记录下来，继续查询手头资料与"特化""分化"有关的内容，从而加深自己的理解：特化，是指……；分化，是指……。以此类推，如果你对所有不大有把握、陌生的概念一步步地分解下去，那么你最终会彻底搞清楚并掌握它们，达到最初的学习目标。

当听众听懂了你用自己的语言讲解的内容，是不是就结束了呢？这还不够，你可以再思考一下：我刚刚做的这个阐释，还可以再简单一点吗？还可以变得更容易理解一些吗？这就要进入第五步了。

第五步：简化语言。

经过上面四个步骤，你几乎掌握了"以教促学法"，但如果你能尽最大努力去思考如何让你的表述更加简洁，更加通俗易懂，能用更直白的语言，那就更好了。

这里分享一个常用技巧：类比法。这个方法能让不易理解的事情变得易于理解，让抽象的概念变得形象和生动，同时能引发对方的情感共鸣。

还拿上面干细胞的概念举例子。思考一下如何用类比法才能将一个生僻的概念用通俗易懂的语言表述出来，令完全不懂生物学概念的新手马上就可以理解呢？

原概念中的表述是：干细胞，是原始且未特化的细胞、未充分分化、具有再生各种组织器官的潜在功能的一类细胞。这读起来确实有些抽象，不好理解。经过你的深入研究，你可以举个生活中的例子来进行类比解释：大家知道，一块面团在湿润的时候，可以被人捏成各种形状，这个捏面团的过程就是分化、特化的过程，捏成的成品就是各种组织细胞，比如肌肉细胞、神经细胞等。而最初的那个面团，就是干细胞。

你看，经过这种深入浅出的类比，即使是新手也能听懂了，也充分理解了干细胞到底发挥着怎样的作用。

2. 关于学习吸收率

不过，有些人会认为自己完全掌握新的概念就可以了，没必要将该知识点简化到上面的程度。其实不然，通过类比的方法，不仅可以让你自己理解得更为牢固，记忆更加深刻，还可以在你传授给他人的时候变得更加形象有趣，受众也能掌握得更快更容易。这是因为类比的方法其实是一种形象思维，它对于加深概念的理解具有很大的促进作用。爱因斯坦在分享自己思考物理学问题的经验时曾说过，有时他的思考不以数字、字母为载体，恰恰用的是图像。

人们在掌握一个知识点或者概念的时候，一般会经历三个过程：理解、重组和展示。以下进行具体的介绍。

理解：识别和分清书本或资料中阐述的内容，并能通过自己的语言或文字概括出来。

重组：在组织自己的语言或文字进行概括的时候，能进一步分清层次和逻辑顺序。

展示：能将自己重组后的理解用形象化的语言、图形或图像等方式展示出来。

所以，你会清楚地看到，类比法在第三个过程——"展示"阶段大显身手，所以它也的确是彻底掌握知识和概念不可或缺的步骤。

近年来，哈佛大学的"学习吸收率金字塔"风靡一时，请你仔细观察图 3-1 所表达的含义。通过图 3-1，我们可以清晰地看出来由于学习者采用了不同的学习方式，学习的吸收和效率是完全不同的。

图 3-1　哈佛大学的学习吸收率金字塔
（资料来源：美国缅因州国家训练实验室）

　　在关于"学习结束两周后，你还能记住多少？"的调查中，运用被动的个人学习方式，比如听讲、阅读、视听等，学习者对于学习内容的平均留存率低于 30％；而那些主动的学习方式，比如演示、小组讨论、亲自实践以及教会别人，平均留存率为 50％以上。

　　请你注意，在图 3-1 中，哪一项学习方式的吸收率高达 90％呢？没错，就是"教授给他人"，其实就是上文介绍的"以教促学法"。这个学习方法的核心是"以教促学"，即，将自己学到的知识传授给他人。在这个过程中，经过几番打磨、消化、理解和输出，你对于学习的内容几乎完全吸收，进而达到了更高层次的学习境界。

如果你想把本书学透、学精并全部吸收，我同样建议你采用"以教促学法"来进行尝试，相信一定会带给你惊喜。你当然也可以将这种方法用于自己的工作、生活、学习和备考过程中，用以彻底掌握一门知识或技能。

关于"以教促学法"，你也可以参考"费曼学习法"，二者有诸多的相通之处。

3.2.2　锥尖学习法

1. 什么是"锥尖学习法"

居里夫人曾说过："知识的专一性像锥尖，精力的集中好比是锥子的作用力，时间的连续性好比是不停顿地使锥子往前钻进。""锥尖学习法"的核心正是从这句话里引申出来的，是指在某个时间阶段内潜心研究某一个主题、某个理论、某项技能、某个课题或某一门学科，将你的全部精力都投入在学习这个主题上，并呈现出一种激烈且持续不断的态势。

这就好比要把一壶水烧开，持续加热的话，只需要5~10分钟。但如果你烧一下就关火，再烧再关火，如此断断续续地烧，那可能几个小时也烧不开。

诺贝尔经济学奖获得者赫伯特·西蒙（Herbert Simon）教授曾说："对于一个有一定基础的人来说，只要真正肯下功夫，在6个月内就可以掌握任何一门学问。"当你在某个时间段内将全部精力都投入一个主题的学习和研究时，这个过程中你的思考和记忆是连续的，在大脑中的各个知识点是有机连接的，注意力高度集中，随着对该知识的学习不断深化，理解也会越来越深刻。

我就是一个例子。在中学时代，我的数学成绩始终无法突破瓶颈，但后来经过专心攻坚后，我的进步很快，成绩突飞猛进，在高考时考取了高分。回想起来，当时的我就是采用了"锥尖学习法"。为了迅速打破成绩瓶颈，我花了一段时间集中精力突破，系统性地梳理了学习知识点，总结规律和方法，选择真题适当地刷题，这样就深化了对概念的理解、对题型的熟悉以及做题的手感，因此成绩提升得非常快。我又把这个学习方法炮制到其他学科，一门门突破，最终各门成绩都非常优异。

所以，当你学习某项内容时，如果今天学一点，过两天再学一点，就会发生"狗熊掰苞米"的情况，学到后面，你就会忘了前面的内容，于是不得不花时间去回忆和重温之前学过的内容，时间在无形中就浪费了不少，根本无法在某个时间段内实现快速突破。尤其是在此过程中，如果你还间隔了好长时间才继续学，那么遗忘率就会更高，重新温习的时间也会更多。因为缺乏学习的连续性，你新学到的知识有可能与之前学到的内容还造成了混淆，这就更加重了学习的困难，极大地影响学习的效果和后续的进度。

"锥尖学习法"具有如下两个鲜明特征：注意力高度集中于某一个主题的学习；在某个时间段内，持续不断地学习和研究。

当你选择特定的主题或者技能进行学习时，就好比手中握住了一把"锥子"，要把钉子凿进木板里，你使劲全身力气挥动锥子一下下去凿，你在此期间付出的精力和时间就是保证"锥子"能凿向钉子和木板的作用力。如果你想快速把钉子凿进木板里，也就是快速掌握某个主题的学习，你就必须持续施加这个作用力，这也就意味着，你要保证时间的充足、精力的充沛，以及注意力的绝对聚焦，直至彻底将该主题的内容透彻研究。

你越是在短时间内投入足够的精力全力以赴地去掌握一门知识，学习质量就越高，你就越能够充分理解与运用它。所以，如果你想在短时间内快速研究一个主题，掌握一门学科、技能或知识，采用"锥尖学习法"将会非常有效。它像一把锥子一样在短期内快速而猛烈地把钉子凿向木板，很快就会将其凿穿，也就是达成你的学习目标。

2. 锥尖学习法的具体运用

梳理一下"锥尖学习法"的整个过程，你要保证完成以下三个方面：

— 专一的学习目标。

— 持续的时间投入。

— 注意力全部集中。

为了帮你深入理解并学会运用，我们来举个例子进行说明。对于学习西班牙语来说，如果你是零基础，那么你如何用"锥尖学习法"来学会这门新语言呢？

首先，确定你的学习目标是什么。比如，你给自己设定的目标是在六个月内通过 A2 级别考试（相当于初二、初三学生的西班牙语水平）。需要注意的是，你一定要让目标有时间限制，不能无限期或者不清楚时间规划。

如果你对所需时间实在没概念，那就可以大致规定一个时间范围，然后在实际的学习过程中，发现需要延长时间或者用不了那么长时间，及时进行调整和修正。另外，目标设定要尽可能量化，你可以参照学习过的 SMART 方法来制定可落地、可执行的目标。

其次，设定具体的学习时间。比如，根据所需的总体时间量，你分配到每天的学习中，最少需要花三个小时。这样一来，无论任何原因，你都要保证学习的连续性，不能中断，不能中途放弃。如果某一天因为有事情耽搁了学习计划，我建议你当天不要全部放弃原有的学习计划，能挤出来多少时间用于学习西班牙语都行，而且后续一定要将耽误的学习时间补回来。

最后，保证注意力全部集中。在这段学习周期中，你要将所有上班之外的业余时间都用于学习西班牙语，比如晚间、周末和假日，休息日你还可以增加自己的学习时间。在这段学习集中突破期间，不建议同步学习其他内容，要保证你把全部的注意力、精力都用于学习新语言这一件事情上，而这也是"锥尖学习法"的关键所在。

综上，"以教促学法"和"锥尖学习法"这两种高效学习的方法各有用途、各有千秋，你可以针对自己在某一阶段的学习任务和目标来进行选择。比如，你是要提升本专业素养和技能？还是学习职场的管理技能、领导力？又或者是打算考取某些职业证书，像是注册会计师证、项目管理证书等。明确了目标以后，选择最适合的方法来进行应用，也可以二者结合起来综合运用，让方法服务于你的学习目标。二者的最终目的都是帮助你快速提高学习效率，牢牢掌握知识和技能，早日到达学习的彼岸。

3.3
↑
具备可迁移技能，让学习事半功倍

除了掌握闭环学习的步骤以及让吸收率高达 90% 的高效学习方法，你还可以通过建立和积累可迁移技能，学习在跨入陌生领域后，如何迅速地迁移能力，让自己进入最佳状态。这样一来，在部门转岗、未来跳槽和转型，以及自主创业中，都能让你变得游刃有余，获得成功。

在这一节中，我将从以下三个方面跟你进行分享：

— 什么是可迁移能力？

— 六项关键的可迁移能力。

— 能力迁移的策略及步骤。

3.3.1　什么是可迁移能力

2018年10月7日，微信之父张小龙和运动员李昊桐组成的"左龙右李"团队在苏格兰创造了中国高尔夫球的历史，他们如愿捧起了登喜路林克斯锦标赛的团队冠军奖杯，成为第一对赢得世界顶级赛事的业余—职业配对的中国组合。

你一定非常惊讶，张小龙在互联网的江湖大咖地位众人皆知，但他竟然还能在高夫球的领域获得世界性奖项！这并不是一般人能做到的。为什么他能做到？是因为他比普通人更聪明？学习得更快？还是比别人勤奋三倍？

仔细分析后你会发现，其实这并不难理解，当你在某个领域达到高手水平，那么你在训练和实操的过程中所掌握的学习能力、解决问题和动手的能力等，也必然是非常卓越和突出的。所以当你想要进入陌生的新领域，学习新知识或新技能时，就可以运用之前已经形成的这些能力，快速地投入新状态。

张小龙就是如此，因为他在主业互联网产品研发领域已经达到了高手水平，甚至世界水平，那么在进入高尔夫运动领域后，他就把这些高超的能力迁移到新领域，学习掌握高尔夫球运动的新知识、新方法和新技巧，同样也获得了巨大成功。

所谓可迁移能力，就是从一种工作换到另一种工作，从一个岗位转到另一个岗位，甚至从一个行业跨到另一个行业后可复用的能力，它是一种跨越不同领域的技能。比如，当你具备了良好的沟通能力，那么无论你在处理家庭关系，还是工作中上下级的交流、谈判和销售等各种事项，你都能下意识地将这种能力进行迁移，将其灵活应用于任何场景，成为一个沟通高手。

在职场领域，判断一份好工作是否有价值的重要的评价因素之一，就是它是否有助于你培养一种某种别人抢不走的"可迁移的能力"。举个例子，你是一名财务人员，公司通知要让你换岗做人事工作，你觉得这个操作现实吗？可行吗？大多数人会觉得这两个岗位的专业性差异很大，基本没有关联性，转岗的现实性很低，难度也很大。这样的疑虑不无道理，但如果你从可迁移能力的角度出发，答案却是相反的。在财务工作中你所积累和掌握的通用能力，当然可以迁移到新岗位，并将这项新工作干好。

不仅如此，一年后公司如果再让你换岗去市场部，你依然可以将在财务、人事这些岗位中培养的能力、积攒的经验迁移过去，胜任新岗位。当然，这三个岗位的专业知识几乎都要重新学习，但其所需的核心能力却至少有70%以上是彼此重叠的，比如：

· 了解和读懂他人需求，换位思考的能力。
· 针对需求，快速给出解决方案的能力。
· 快速学习或整合所需新知识或信息的能力。

字节跳动公司现任总裁办负责人华巍现在分管人力资源工作。要知道他在加入字节跳动公司之前并没有专门从事过这个岗位，而是在凤凰网的母公司凤凰新媒体有限公司负责战略投

资。而他之所以被字节跳动创始人、时任 CEO 张一鸣挖到字节
跳动公司负责人力资源工作，是因为在张一鸣看来，做投资与
做人力资源有着相通之处，他们在阅人、选人和用人方面有着
极强的洞察力。

这给了我们一个很大的启发，工作和工作之间，岗位和岗
位之间，有一些核心能力的要求是相通的，这个比例可能会超
过一半，而这部分通用的核心能力就是可迁移能力，也是你能
从任何一份工作中可以提炼和总结出来的。当你把这部分核心
能力迁移到新岗位或新领域，与此同时快速学习该岗位的专有
技能，那么你的工作一定能迅速上手。

可见，可迁移能力会帮助你在职业生涯、事业发展和人生
发展方面站得更高，走得更远，也使你的人生拥有更多机会和
可能性。

3.3.2　六项关键的可迁移能力

那么，到底有哪些核心能力是通用的、可以迁移的呢？我
总结出如下六种，分别是：快速学习的能力、解决问题的能力、
说服性沟通的能力、结构化思维的能力、人脉链接的能力，以
及完成任务的能力。

1. 快速学习的能力

快速学习是一种能够在最短的时间内，让你掌握该领域关
键知识和内核的能力，帮你快速了解新领域的必备知识，它强

调你应先掌握那些有效的部分而不是全部。

换句话说，你只要在短时间内掌握在这个领域起到80%作用的那20%的知识，而不是去纠结只起到20%作用的那80%的旁枝末节的内容就可以了。

提高快速学习的能力，要从如下六个方面入手。

（1）快速了解大纲，拆分知识结构

你在刚开始学习的时候，建议根据书籍或者课程目录，先搭建对这个领域的整体认识框架，然后每天进行学习和训练，不断往这个框架里填充内容。同时，拆分所学的内容，并分步骤进行学习，逐个击破重点内容。对于那些不太重要、关系不大的内容，可以先放一放。

（2）概括总结，进行高强度的重复学习

你要不断记录学习重点和训练时的心得，每天复习和巩固前一天学过的知识，每周进行总结和复盘，整理自己的经验库。

（3）边学边做，快速实践，解决问题

你可以先从一些小的项目开始实践，并以解决实际问题为导向。做的过程中，你会遇到各种各样的问题，而这些问题在看书的时候可能根本就没有想到过。这个时候，你就需要去广泛查找资料，或者咨询专家。当你把一个个问题都解决了的时候，你的能力也在不断提升。

（4）通过模仿积累经验，总结方法

模仿的方法有两种：一种方法是找一个好的导师作为榜样，或者有条件的话，你可以跟随在他身边近距离模仿学习；另一种方法就是模仿高手、大师的作品或思路。在你没有足够的经验和能力之前，不要想太多，更不要有"偶像包袱"，先从模仿开始。从模仿中慢慢去思考和实践所学的知识，并锻造属于自己的能力。

（5）进行高强度的刻意练习，及时反馈

针对那些自己不会或者不熟悉的部分，你可以进行高强度的学习或训练，提高输出的效果。注意，刻意练习的过程缺少不了正确的反馈，比如要知道学习或训练的方法对不对，成果到底怎么样，有没有效果。

反馈的方法包括自我反馈和专家反馈。自我反馈，就是通过自我洞察、录视频、录音频等方式，检验自己的学习效果；外部反馈，就是通过外部专家、学者、业内人士、教练或者有经验的朋友，帮你找出不足或者错误的地方，帮你及时纠正或调整。

（6）集中火力，保持专注

想要短时间内快速出成果，就需要投入足够的时间和精力，尽可能地把可支配时间都用到该项技能或知识的学习当中，保持高度专注力，也就是运用上节课中提到过的"锥尖学习法"。

2. 解决问题的能力

工作上，你能看出问题并提出问题这还不够，更要善于解决问题、化解困难。要想提高解决问题的能力，你可以遵循如下六个步骤：

（1）分析问题

先找到问题的根源，再对问题进行拆解，将其分解成几个关键的单一要素，并且保证它们之间相互独立、不重复、不影响。推荐画思维导图理清思路或参考麦肯锡的 MECE 方法[①]。

（2）查询资料

通过多种途径查找和搜寻与问题相关的信息，以及类似问题的解决案例等。

（3）头脑风暴

通过头脑风暴发散思维，针对该问题的解决列举出所有可能的方案。此时，不管你想到的是什么方案，哪怕有些看上去很可笑，都不要急于否定自己，先写下来，再做下一步的评估。

（4）选择方案

针对上面列出来的所有解决方案，你开始进行评估。你可以制定一个多维度评分体系，对每一个方案进行打分和权衡。根据评分的高低，选取一个首选方案和一个备选方案。

评估维度有如下几个：

—— 预计需要花费多久。

—— 需要什么资源。

—— 成功的可能性。

—— 实际执行难度。

—— 针对该方案，你拥有的自身资源。

---

① 一种基础的分析方法。——编者注

（5）行动计划

当你选出一个可执行方案后，要制订下一步的具体行动计划，包括完成时间表、细节步骤以及资源列表，比如需要匹配的人力、物力、财力等。

（6）评估和总结

复盘此次解决问题的经过以及结果，总结成功经验和失败教训，为下次解决同类的问题提供有价值的指导。

3. 说服性沟通的能力

无论你身居的是企业还是体制内单位，无论你从事何种岗位，都必须拥有一项必备的通用技能，那就是要学会说服别人。

说服别人的核心，不是把你的想法强加给别人，而是让对方心甘情愿地认同你的观点，将原本不明白的事情彻底搞清楚，并且产生相应的行动。想要说服他人，就要学会运用逻辑性语言，让对方能从你的表达中整理出自己的思维框架。逻辑性，主要是指你对问题的表述要有先后顺序、因果关系、重点突出、层次分明，且有结论。注意事项如下。

（1）表达时要列举重点，三点为佳

关于大脑在短时间内的信息收集与整理的能力，一次性的有效接受数量为三至七个。实践中为了更好地进行记忆，我们一般会选择三点。常用语句比如：首先、其次、最后等。如果待罗列事项太多，你可以琢磨一下如何能合并同类项，将同类或接近的内容放在一个大的要点之下，最好仍然保持三个大点。

（2）邀请对方一起行动时，按照逻辑分三次说

想要让对方跟你一起去行动，可以顺着逻辑思路和主旨，分三次提出邀请，分别是：询问对方—肯定对方—让对方感到满足和被需要。可以看出来，这种方法从感情的角度是一层层递进的，让对方不知不觉地被打动和吸引，答应你的请求一起行动。

举个例子。你想让朋友周末陪你去一起逛街，你说："咱们周末一起去购物吧。"如果你的朋友此时心情不错，便会立刻答应，而如果她有时间却没有心情，那么她可能就回绝了你的邀约。

那么如何用三次邀约法去说服朋友接受呢？谈话开始，不要直接提出请求，可以这样做。首先，先询问对方的建议："最近换季，听说很多商场在打折，我想买几件新衣服，你有什么建议吗？"（第一次邀约）接着，赞美或肯定对方过去的经验："前几次我们俩一起去购物，你帮我搭配的衣服，我同事都说好看，还问我在哪里买的呢！"听到这样的肯定，对方会有一些成就感和满足感（第二次邀约）。最后，你的第三次邀约就显得自然多了："这次我们再一起去吧，你挑的款式，我真心喜欢啊！"（第三次邀约）这样说下来，对方基本上就不大会拒绝，而是爽快答应了。

4. 结构化思维的能力

结构化思维，不仅对记忆和学习有显著的帮助，与此同时，它在人际沟通、解决问题或进行决策等方面，同样起着至关重

要的作用。

当你每日处理各种繁杂的琐事、解决层出不穷的争议、面对客户的不满投诉、在各种选择和取舍间举棋不定时，只有具备结构化思维能力，才不会让自己轻易陷入这些困扰、慌乱、低效、无奈和疲惫中。

结构化思维能让人更加全面系统地进行思考，将复杂的问题简单化，方便与人沟通，使得对方更准确地理解我们的意思。

我推荐两种结构化思考的方式：

—— 先思考框架，再填充信息（自上而下）。
—— 列出所有信息，引出结论（自下而上）。

（1）先思考框架，再填充信息

根据手头信息，把待办事项、完成目标或者某个结论放在最上面，接下来进一步进行分解，将分解后的信息或方案放入整个框架中，如此一层一层地拆分下去。如果你是一个销售人员，本月的销售额目标是 20 万元。用这种方法，你先把 20 万元的销售目标放在最上面，接下来你继续分解，将这 20 万元的业绩分解为来自新客户 10 万元、老客户 10 万元。

那么，接下来你要将新客户的 10 万元和老客户的 10 万元再继续分解下去。比如将新客户 10 万元的来源分解为举办促销活动获取新客户实现 5 万销售，发传单获取新客户实现 5 万元。同理，针对老客户也可以这样一步步地拆解。

（2）列出所有信息，引出结论

当你面对众多信息，不清楚该用什么框架的时候，尝试使用这个方法，参考如下五个步骤：

— 根据要求列出所有能想到的想法。
— 将以上想法进行分组和归类（根据共同点或相通性）。
— 检查以上分组是否符合逻辑性。
— 补充以上没有涵盖或缺失部分。
— 提炼结构并引出结论。

举个例子。你打算外出旅游，目的地到底选择杭州还是成都，你举棋不定。如果运用这个方法来帮助你做决定，就可以按照如下步骤。

第一步，分别列出所有去杭州和成都的好处。

第二步，将上述两个城市的好处进行分组。比如分为饮食、人文景观、交通、住宿、旅游、消费等方面。

第三步，检查上面的分类是否足够清晰，有逻辑。比如人文景观完全可以放在旅游的分类下面，因为旅游就包括了自然景观和人文景观两个方面。

第四步，检查是否还有其他要素需要补充。比如上面没有包括气候等因素，可以进行补充。

第五步，引导出问题的结论。经过上面的分组和归类，你已经把两个城市的优劣势比较完整地呈现出来，这样就可以根据你个人的喜好或者评判标准来最终选择一个旅游目的地。

训练自己的结构化思考能力，就是不要马上陷入细节，而是先去搭建一个思维的框架，然后按照逻辑顺序去层层分解或做出总结。

5. 人脉链接的能力

学会迅速建立人际关系链接的能力，优化自己的人脉结构。这包括两个方面的含义：一方面，要主动结识身边各行各业的优秀人才，另一方面，要让自己具有某种优势和价值，给别人一个接受你的理由。

具体应该如何链接人脉呢？

（1）自身实力

依靠自身优秀的素质、能力和资源，比如过硬的教育背景、技术背景、平台背景等，进入优质社交圈。

（2）知识付费

通过知识付费，购买你想结交的大咖的课程、社群资源、私教会员等，近距离接触他们。

（3）校友和同学

通过自己的各阶段的校友圈、同学圈，去寻找合作伙伴和有价值的人脉关系。

（4）提升人脉圈子质量

加入品质更高、整体人员素质更高的圈子，如行业协会、读书会、演讲活动等，以开阔眼界；或者加入付费的高端人脉圈，如高尔夫球协会、某某商会等。

链接人脉的前提是你要明确自己的目标是什么，为了达到这个长期或者中短期目标，你需要主动去建立和链接哪些人脉？通过什么方式进行链接？链接到什么人？如何使用和利用人脉关系？

只有持续不断地输出自己的影响力，才能在未来晋升、跳槽、转行或创业时，获得更多人脉资源和支持。

6. 完成任务的能力

上司交给你一个任务，你能否在规定的时间内高质量地完成，是领导考核你能力的一个指标。因此，能顺利完成任务的能力是非常重要的。

提高完成任务的能力，可参考如下四个步骤：

（1）确立目标：运用学过的SMART原则，分阶段制定目标。

（2）制订计划：列出各阶段目标下的详细行动计划及所需资源。

（3）执行任务：按照进度表推进任务，达成目标。

（4）追踪检视：定期追踪和检视结果，以及复盘验证。

综上，在市场化程度不断提升的今天，用人单位的组织架构更新周期越来越短，对员工能力更迭的速度要求也越来越快。这就意味着职场人在面临各种风险和挑战的时候，一定要具备坚固的能力基石，而这个基石就是通用的"可迁移能力"。

3.3.3　能力迁移的策略及步骤

当你进入新领域的时候，要采取这样的迁移策略：先学习、再找链接、最后形成自己的新特点。这同时也概括出了能力迁移的三个步骤。

1. 先学习

第一步是先学习。进入一个新领域，你要先学习各种行业、岗位或专业方面的新知识。因为你所具备的可以迁移的能力，是要依附于具体的领域知识才能发挥作用的。换句话说，迁移过来的能力要有发挥价值的土壤。比如，你从事销售工作，从快消品行业转换到汽车行业，虽然销售技巧、沟通能力、客户服务意识这些通用能力是可以迁移的，但不要忘了，你销售的产品变成了汽车，你就必然要学习和了解汽车行业的特点、汽车的型号、技术特点、销售模式等内容。

2. 找链接

第二步是找链接。这一步是进行迁移中最重要的一步。要找到在新的领域或场景下可运用的能力，与之前所在领域或场景中的相通之处及存在的差异。举个例子。新媒体诞生后，纸媒纷纷落寞甚至退场，但是传统做纸媒的人并没有因此失业，他们纷纷转战到了新媒体继续从事文宣工作。

他们之所以能迁移到新领域，是因为新媒体与传统纸媒之间的确存在很多相似的地方，比如二者都是借助语言文字创作内容，都符合一般的传播规律。当然，二者也存在着明显的不同之处，比如传播方式、适用对象、撰文风格等。

就像这样，一旦你找到了迁移前后的链接点，那么你具备的能力也就找到落脚的地方，就可以进行迁移了。

3. 形成新特点

当你快速掌握了新知识，并顺利地把自己积攒的关键能力进行迁移后，就可以结合新领域或新岗位的实际情况开展工作了，最后慢慢形成属于自己的风格和特点，在新的领域里能获得更大的职业发展。到这里，能力才算真正完成了迁移。

3.4
↑
如何高效阅读

经常有读者来向我诉说一些关于阅读方面的困扰，比如：

— 拿起书本看几页就开始犯困，五分钟就能睡着。

— 读一本书总是断断续续的，几个月甚至一年都读不完。

— 读完后一脸茫然，书里的内容一点儿都没记住。

首先，我要先表扬这些读者，毕竟他们的初心是积极正面的，是喜欢和愿意读书的。著名投资家查理·芒格（Charlie Thomas Munger），在任何时候都会携带一本书。他说："我手里只要有一本书，就不会觉得浪费时间。"

在如今这个浮躁的社会，新媒体、短视频流行，能踏踏实实捧着一本纸质书静心阅读，更显得尤为难得。然而不少人大学毕业后，就基本上很少读书了。随着职位的提升以及工作内容的变化，他们也越来越意识到由于知识的匮乏，让自己想要进阶变得步履维艰，于是就开始碎片化地阅读各种文章或浏览短视频。

虽然不能说这些完全没用，因为或多或少可以开阔眼界，但看完之后很快你就会遗忘。这些网络上获取的信息，其实很难系统化地提升自己的认知，或帮助自己解决实际工作中的问题，更不能对能力的提升起到实质性的促进作用。

知乎上有一个问题："你有什么事情觉得特别后悔？"获得高赞的一个回答是："年轻时没有好好读书。"在我看来，读书的目的并不仅仅在于你取得了多大的成就，它更有价值的意义在于，就算你的生活黯淡无光，陷入泥潭时，书始终会给你一种内在的力量，让你对生活始终充满希望和信念，珍惜活着的每一个当下。

那么，对于本节开头的那些读者来说，他们的问题就在于，是否清楚读这本书的目的是什么？是否掌握了有效的读书方法？是否重视输入和输出的齐头并进？

这一节主要针对的是非虚构类书籍，介绍如何高效地阅读一本书，如何把一本书的价值扩大。我将从如下三个方面跟你进行分享：

—— 阅读策略。

—— 阅读步骤。

—— 主题阅读。

3.4.1　阅读策略

现在人手一部手机，随时刷着天南地北、古今中外、八卦美食、新闻热点等资讯，不知不觉间你的时间和注意力就被拉扯和切割得四分五散，当你累得不行瘫倒在沙发或者床上的时候，才发现脑子里充塞着众多碎片化的信息，凌乱纷杂，而第二天起床后居然都没留下什么印象。这其实是在被动阅读碎片信息，基本不用你进行深度思考。而读书则完全不同，它是基于你主动选择而去系统化阅读的，在这个过程中，你的大脑不断得到思考的锻炼，变得越来越活跃，而不是迟钝或萎缩。

被动阅读或者输入如果算作学习，也是一种吸收效果很差、效率低下的学习。所以，我更建议你进行主动阅读，带着问题去选择你目前的薄弱环节、难点痛点、特定目的或者感兴趣的书籍进行深入阅读。

从被动阅读到主动阅读，不仅会让你将有限的时间和精力聚焦在更有针对性的学习上，也会促使你进行主动思考，对书中的知识点记忆和理解得更加深刻，解决问题的思路也会更加清晰。

为了达到理想的阅读效果，大幅提升阅读效率，在开始选择书籍以及阅读之前，我建议你思考如下三方面的内容：

—— 阅读的目的。

—— 一本书的内容。

—— 阅读的期望。

1. 阅读的目的

你需要思考这些问题：现在急需解决什么问题？提升什么能力？学习什么知识或技能？对什么主题感兴趣？

阅读目的如果不清晰，看书的时候就会缺乏关注的重点，没有明确的方向，也较难提升专注力。阅读目的的深层含义是，你希望通过阅读带来哪些帮助和改变。当你带着明确的目的，或者某个具体的问题从书中寻找答案时，你会发现阅读带给了你极大的兴趣和动力，你在阅读的过程中拥有选择的权利和掌控感。比如对一本书，你可以自行决定你要读到什么程度、哪里要快读略读、哪里该慢读细读、哪里不需要读、哪里又需要反复咀嚼。

2. 一本书的内容

你手上的这本书主要是关于什么内容的？是否跟你的阅读目的紧密相关？

基于一定的阅读目的，你选择了一本书打算开始阅读，那么在你购买它之前，就应该知道这本书大概谈了什么内容，作者的背景如何。只有发现书中所写就是为了解决你的问题，或者跟你要解决的问题有很紧密的关联度，这本书才没有选错，才有开始阅读的价值。

3. 阅读的期望

阅读完一本书，是否能直接实现你的阅读目的？还是能实现部分目的？

如果能直接帮你解决问题，那么这本书就相当于是一部行动指南，你读完后就可以立刻将学到的内容付诸实践；如果并不能全部解决你的问题，但至少你要清楚读完后你前进到了哪里，距离目标还有多远，还缺少什么，需要进一步补充和完善哪些部分。

以上的阅读策略，是你在正式开启阅读前必须清楚和明晰的，这样才是保证我们高效阅读的基础。

3.4.2 阅读步骤

开始阅读后，到底是否需要从第一页读到最后一页，从头到尾一字不落地去阅读呢？当然不需要。除非你阅读的目的是拆书，或者专门为这本书写书评或做深度解析。

我建议你按照如下四个步骤去阅读一本书：

第一步：概览。

第二步：扫读。

第三步：精读。

第四步：记录。

第五步：输出。

1. 概览

正式开始进入正文的阅读前，你可以先做一个快速的概览，着重在两方面。

（1）封面、序言或前言

书的封面不仅有本书的正、副标题，一般也会有一些精简的宣传语或推荐语，就是告诉你这本书的价值，或者你能获得什么精髓。

然后你要去看书的序言、自序或者前言，这部分内容会帮助你更深入和全面地了解作者写这本书的背景、缘起或者初衷。因为有些书籍的阅读是需要了解这些背景要素的，从而对全书有一个总体认知，帮助你更好地理解书中内容。

另外，有些书籍在前言部分会附上一些名人推荐语，也就是他们看完这本书后的感悟和评价，这也可以给你提供一些参考或借鉴。

（2）目录

不少人有个习惯，就是翻开书本后不喜欢看目录，直接读正文。不看目录行不行？不是不行，但目录是对一本书各章节内容的高度概括，其标题通常能涵盖各章节的精华和核心观点。所以，若是不看目录，对于阅读者来说是个损失。这就好比跑步之前不做热身运动，直接上场就跑，那么不仅爆发力会受到影响，还容易扭脚或摔跤。

我建议你一定要先明确阅读的目的，带着你的问题去阅读，那么在目录的标题中，你其实可以迅速发现和寻找到针对某些问题的答案。阅读目录的其他好处还有：快速检索感兴趣的部分、站在全局俯瞰全书、作为读书笔记的框架，以及作为复述书籍或者重要部分的提纲。

2. 扫读

当你浏览完书籍目录，挑出那些你最感兴趣或者想马上阅读的章节，然后进行快速浏览，这就是扫读。当然如果你有充足的时间，想要完整地看完一本书，就另当别论了。

扫读的过程中，你可以对章节的标题、开头、结论、小结、图片、表格、粗体字等进行重点关注，确保自己可以在短时间内抓住要点和关键信息。

3. 精读

扫读之后，你可以决定是从头到尾通读本书，还是有选择性地对部分章节进行重点精读。精读前先把自己的想法归零，不要先入为主，戴着有色眼镜去读，避免在一开始就将自己的个人观点、偏见或情感带到阅读过程中。同时，始终带着问题在阅读中寻求答案，这样可以让自己保持更强烈的阅读兴趣。

针对你要精读的部分，需要字斟句酌，仔细体会这句话的含义。如果没读懂，可以反复读，或者对照上下文，翻看书籍前面的章节。对那些实在无法理解的概念、术语，也可以上网搜寻或者翻看相关的其他书籍。同时我也建议你在精读时，边阅读边记录重点，也就是下面的第四步。

4. 记录

精读需要通过做笔记来辅助记忆。如果不动手做记录，你对书中知识点的吸收和记忆效果会大打折扣。关于如何做笔记，我推荐三个方法，你可以尝试一下，看看哪一种更适合自己。

（1）逐字记录

把你认为重要的句子、段落都抄录在笔记本上。这么做的好处是，你在记录的过程中可以加深对这句话的理解，但缺点是需要花不少时间来做这件事。

（2）文字扫描

如果你想抄录的段落文字太多，而你又不想为此浪费太多时间，那么你可以用手机上有文字扫描功能的应用程序，比如使用讯飞输入法等，将相关内容扫描识别后存入手机或电脑中，以备后续重新整理、阅读和翻看。

（3）思维导图

你可以先分章节建立思维导图，将该章节的重点、自身的思考或感悟记录进去，记录在笔记本上或者使用思维导图的应用程序（比如幕布、石墨等）都可以。

如果你想做整本书的思维导图，就可以将做过的所有章节的思维导图汇总成一张大图，将其打印出来插到书籍中，那么你在下一次打开这本书时，先看一下这张思维导图，就很容易回想起书中的主要内容，更好地帮助你记忆和理解，这时书里的知识和内容才能变成你自己的。

5. 输出

输出就是通过阅读将内容和知识进行内化的过程，其形式有很多，我推荐如下几种。

（1）写读书笔记、读后感、书评、文章

这些输出形式不单是罗列书中的内容或知识点，也不是仅凭自己的感觉随意挥洒，而是结合书中的内容和自己的认识，在你进行系统性思考之后的产物。这样容易有代入感，让其他人感同身受。

（2）写感悟发布到社交媒体

跟第一种输出形式比，这种感悟更加短小精悍，你可以尝试用一两百字介绍这本书，再拍一张书的封面图发微博或朋友圈。这种方式简单易行，没有负担，也不需要有特别强的系统性，表达的是你的真实感受，优点是真实且用心。

即便只有一两百字，是最小量的文字输出，这也比你什么都不写强多了。这既能体现一种公开写作的勇气，也能为自己积累写作素材，比如针对某本书你发布了一系列的微博分享自己的读后感，是不是日后就可以将它们集结成长文或出版成册？

（3）复述给自己听

这跟3.2节中讲过的"以教促学法"相似，用复述的方式，把刚读完的书本内容讲给自己听，这其实更考验你对知识点的记忆和理解程度。可能会出现停顿、卡壳或含糊其词，这都是正常的现象，说明有些地方你还没读懂读透，需要回顾书中的那一部分，然后自己重新复述一次。如果需要，你也可以录音。

如果你从来没有尝试过这种方法，我强烈建议你要试一次，你会发现不仅这样的输入会倒逼你梳理思路，组织语言，而且对你提高表达能力很有帮助。

（4）分享给他人

比如在线上社群中分享自己的读书心得，或者参加线下读书会做分享，这些都是不错的输出方式。

尤其是如果这个分享在你阅读之初就已经被纳入你的读书计划，那么你就会把分享和输出当作阅读之后的首要任务，阅读过程中能更加用心地去总结概括本书的重点内容。在分享的时候加上自己的亲身感受和阅读体验，听众一定会被你的真情实感所打动，这将在无形中提高你的影响力。

总结一下，阅读非虚构类书籍的五个步骤，会帮助你高效地读完一本书。当然，如果你想精读完整本书，可以跳过第二步扫读，从第一步直接跳到第三步。遵循这些步骤来阅读，不仅是将书读完，而是能切实有效地帮你解决问题、破除疑惑、深入吸收和理解书中的内容并在实践中进行应用。

3.4.3　主题阅读

如果你不满足于只阅读一本书，想要同时研究不同专家针对某个问题的具体意见，并通过阅读多本主题相似的书来进行系统而全面的学习，那么我建议你使用主题阅读法。

所谓主题阅读法，就是在一定期间内，比如一周或一个月内，针对某一个主题或者围绕某个领域，找到许多与主题相关的书籍，进行系统全面的集中式阅读，并将所获得的知识进行拆解，再整合形成自己的知识体系，达到能较为专业地输出这个领域知识的学习过程。

这个方法的优势在于，它能够快速把一个领域的知识体系搭建起来，让阅读者在短时间内成为一个领域的专家。这里需要强调的是，进行主题阅读，不是说你把找来的书籍泛泛地看一遍就结束了，你的目的是要在短期内掌握这个领域的核心知识，较其他人来说成为该领域的专家或者达到近乎专家的水准。

你不要以为这是天方夜谭，如果你真的能在一段时间内，就某个主题阅读完十几本书，甚至几十本书，你就已经远超过身边 90% 的人了。

如何进行主题阅读呢？根据我的亲身经历，建议你遵循以下几个步骤。

第一步：初步认知。

第二步：建立书单。

第三步：进行扫读。

第四步：搭建框架。

第五步：继续精读。

第六步：分享实践。

正如进行普通阅读一样，你首先要明确本次主题阅读的目的是什么。是解决什么问题？还是学会某项技能？你可以写下来，记录在电脑文档中或笔记本上，这样你的阅读目的就可视化了，更能形成直观的印象，起到提醒自己的作用，帮助你尽快进入主题阅读的状态。

就拿我写职场小说为例，我创办了自己的公众号"职场木沐说"，擅长写职场干货文章，获得了一定的影响力后，不仅吸引知名出版社邀请我来出版介绍职场经验的书籍，同时也吸引出版社请我来撰写职场励志小说。虽然同为写书，都属于文字创作，但我以前出版的职场干货书属于非虚构类内容，而职场小说则属于虚构类内容，两者在整个创作和行文逻辑上完全不同，对我来说这无疑是一个全新的体验，也是巨大的挑战，但我却非常乐于尝试，并深信自己能做到。

于是，我运用了主题阅读法，集中阅读了中外教授写的二十几本书，在短期内迅速掌握了写作小说的核心要点、流程和技巧，并在半年内完成了第一部 33 万字的长篇职场励志小说，即将出版发行。

下面就以我的亲身经历"如何写小说"为例，详细说明如何进行主题阅读。

1. 初步认知

在最开始，你要对进行主题阅读的这个范畴建立起基本的认知和框架，并搞清楚基础概念、步骤和流程。想要做到这一点，建议你先花两个小时进行泛读，了解该主题的框架内容大概分为几个部分。比如针对写小说，我知道了需要进行选主题、写大纲、列结构、布局情节、设定人物、设置场景转换，设计人物对白等内容。

那么，通过哪些途径或渠道可以帮你建立初级印象、打好基础呢？快速的方法是通过百度搜索，或者翻阅相关微信公众号文章，了解这个领域的大致范围，以及包含什么内容。

2. 建立书单

推荐通过如下几个途径来建立属于你的主题阅读书单。

· 在百度中输入"如何写小说"，后面可以加上"书籍推荐"或者"书单"字样进行搜索，在搜索出来的界面，会有一些推荐书目或书单。

· 去该领域大咖的微信公众号、微博或网站主页上看他们的推荐书目。

· 在京东网或当当网上输入关键字"如何写小说"，搜索排名靠前的书目。

· 在你阅读的书中的附录部分，查看作者写书时曾参考过的书目。

通过上述途径进行综合比较，你已经建立了一份属于自己的主题阅读书单。为了确保书籍的质量和口碑，你可以去豆瓣网上查看相应书的月评分，评分七分以上的书一般都不会太差，这样对你的书单进行适当的补充或调整，兼顾系统性和畅销性两方面进行选书。

你也可以在购书网站上把能找到的与主题相关的书籍都买来研究。关于如何写小说，我大概一共购买了二十几本书，有全局性提纲挈领的，比如《小说创作基本技巧》《畅销作家写作全技巧》《故事写作大师班》等，也有针对某个细分主题的，比如《冲突与悬念》《创造难忘的人物》等。其中有些书就是在看一本书的过程中，被作者推荐从而延伸购买的。

3. 进行扫读

你在拿到书籍后，排好阅读优先级或先后顺序开始进行阅读，或者把书籍划分为几类来进行阅读，按照上面阅读步骤里的扫读方法，浏览目录，翻阅书中的核心内容。比如针对写小说，我会先读关于如何搭建小说结构、小说骨架和撰写大纲的书籍，然后才去读如何刻画人物、如何描写场景、如何设置冲突的书目。

经过扫读后，找出几本你认为最重要或需要精读的书，实现该领域的入门到熟悉。后面的书籍就可以加快速度阅读，重点寻找与前几本精读的书中没有涉及的内容，或者没有讲透的知识。

4. 搭建框架

快速读完所选书目后，你对一个主题知识的框架就已经形成了基本的雏形。在这一部分，我会一边画思维导图，一边记录读书笔记，将书中要点进行浓缩和总结。

比如，针对如何写小说，我会分别将选主题、写大纲、列结构、布局情节、人物设定、场景转换，人物对白等作为一级标题，然后在每个标题下面，还会有二级、三级标题，这样你就会较为全面地掌握写作步骤和方法。如果几本书中对同一个问题都有阐述，我就会将它们合起来一起看，重叠的部分简化，扩展的部分就补充进去。

5. 继续精读

当你搭建好了核心框架，就对本次阅读的主题有了基本的认识。为了加深理解和认识，你可以围绕着框架进行二次、三次精读书籍，整理知识点并查缺补漏，然后对知识点进行更新、提炼，总结出便于你理解和应用的内容。

另外，针对同一个主题，不同书里的观点或方法可能会有差异，你阅读后可以作为互相的补充，拼接到一起，也可以选择其中一个观点作为自己的知识体系的一部分。

6. 分享实践

这一步其实跟上文阅读步骤里的第五步"输出"很接近，具体内容你可以参照那个步骤。其特别之处在于，你在进行分享的时候，不是分享一本书，而是在综合了你看过的多本书后，自己对于该主题的独特看法和知识架构。

比如，对于写小说来说，我最大的实践就是写出了一部33万字的长篇小说，整理了一套我亲手梳理和打磨好的一套如何创作小说的流程、步骤和方法论，有机会我会将其分享给那些对写小说感兴趣的职场人士。

　　以上就是关于主题阅读法的介绍和步骤。我建议你选取自己感兴趣的某个主题、领域或技能，从选择书单开始进行实操练习和训练。掌握并正确使用这个方法，相信你一定能体会到主题阅读法给你带来的成就感，以及收获满满的喜悦感。

　　掌握高效阅读的方法可以快速建立自己的知识体系，你的认知水平也会不断上升到新的层次，而阅读量的提升也会在不知不觉间拔高你看待人生、世界和生活的高度。正因为站得足够高，看得足够广，有一天你会蓦然发现，自己可以走的人生路原来早已不只是眼前的一条或两条，而是有很多条，你拥有了对未来更多的选择权和掌控权。

第 4 章

情商力——情商在线

4.1
↑
情绪稳定，是成年人最大的修行

在高效成长模型的前三力——规划力、职场力和学习力中，我们着重在规划、计划和学习这些维度上提升你的认知以及为你提供务实落地的行动方案，建议你培养长线发展思维、系统思考能力、高效的计划和行动力。

你可能会觉得这些都是有点偏"硬"的部分，从这一章开始，我们开始触及并深入学习"软"的部分，包括：情商力、资源力、平衡力和品牌力等。

本章将从情商力出发，带领你踏上高情商处世之旅，学会管理自己的情绪，营造良好的人际关系，以及如何用高情商来应对艰难和尴尬的场景。

在这一节，我将从如下四个方面跟你分享：

— 什么是情商和情绪？

— 管理情绪的步骤。

— 学会管理压力。

— 情绪和职业规划的关系。

4.1.1　什么是情商和情绪

情商是什么？情商就是八面玲珑、嘴甜会说话、溜须拍马屁、见人说人话、见鬼说鬼话吗？当然不是，这些都是对情商或者高情商非常庸俗的认知。美国作家丹尼尔·戈尔曼（Daniel Goleman）在《情商》（*EQ: Emotional Intelligence*）一书中指出，情商包括如下三方面内容：

— 了解自我情绪。
— 识别他人情绪。
— 处理人际关系。

其中第一项是情商的核心。通过这个定义我们不难发现，情商是个人在情绪方面的整体管理能力，延伸来讲，说一个人情商高是因为他具备如下五种能力：

1. 能觉察自身的情绪

当情绪变动或者产生波动时，能清晰地识别出自己目前处于什么状态，而不是仅仅感到焦虑、迷茫、不知所措。

2. 能管理自己的情绪

认识到自己产生情绪后，能妥善驾驭和控制好它，而非任由情绪失控。因此不会陷入焦虑，意志消沉，丧失理智，进而做出错误的行为和决定。

3. 能进行自我激励

面临负面情绪或遭遇困境时，能咬紧牙关挺住，进行自我情绪疏导，不逃避、不放弃。

4. 能认识他人的情绪

能及时准确地感知到他人情绪的变动，了解他人的观点，产生共鸣，并站在对方的角度理解对方的感受。

5. 能妥善处理人际关系

能维持周遭和谐的人际关系；能有效而妥善地解决、化解尴尬和冲突；能高效处理各种矛盾或问题；具有调控自己与他人情绪的技巧。

心理学家经过长期的研究得出结论：人生的成就，至多只有 20% 归功于智商，另外 80% 则受到情商的影响。这也是为什么如今人们特别注重培养情商。

4.1.2　管理情绪的步骤

情绪对个人的生活、工作乃至人生发展如此重要，那么当我们出现负面或消极情绪的时候，该如何进行妥善管理，不会让自己情绪失控，进而影响下一步决策或者导致不利的后果出现呢？

我建议你按照如下三个步骤进行应对和处理：

第一步：察觉情绪。

第二步：接纳情绪。

第三步：采取行动。

1. 察觉情绪

第一步是察觉自己的情绪，也就是你能看见和了解自己的情绪。此时你可以给自己一个信号：我可能要发脾气了、我可能要犯错了。这样你就会变得客观理性，不会被消极情绪牵着走。

如何能"看见"自己的情绪呢？这里有三个比较有效的方法：

（1）情绪记录法

就是在一个短时间内，有意识地观察和记录自己的情绪变化以及导致的结果。比如以一个月为周期，将每天发生的影响你情绪的事件记录下来，包括时间、地点、环境、人物等。一个月后，你查看一下自己的情绪记录，可能会发现你居然会经常因为某件事情的发生、某个人物的出现而导致自己情绪波动，或者经常出现相同的失误，这些都为你后面如何调整情绪提供了非常重要的参考。

（2）与人交谈法

跟他人进行交流，比如你的家人、朋友、前同事、老师等，向他们倾诉或请教，通过他们的角度去审视你遇到的问题或者困境，以及你在此过程中存在的情绪波动，包括发生原因和处理结果，听取他们的建议，这样你可以从中发现自己存在的认知盲区或误区，从而及时提醒自己关注那一刻的情绪状态，让自己回归理性、平和。

（3）自我反思法

对一天当中发生的事件及时进行反思，尤其是那些结果不满意、令人不开心的事件，或者是你原本可以做得更好，却最终不尽如人意的事件。反思问题参考如下：

— 我为什么会有这样的情绪？

— 产生这种情绪的原因是什么？

— 这种情绪造成了什么后果？

— 今后应该如何避免类似情绪的发生？

2. 接纳情绪

第二步是接纳和表达自己的情绪。

情绪是人的本能行为，负面或消极的情绪也都有正向的意义，比如愤怒可以给你力量；恐惧会提醒你保护自己，从而做出安全的选择；愧疚会让人进行反思，以后对自己的言行进行改进等，所以你不需要为自己的情绪行为感到内疚或者自责。当你从容接纳了自己的情绪后，要将其合理地表达出来。

举个例子。你在公司受了委屈，但没有和丈夫说。回到家后，丈夫一边开电话会议，一边让你去辅导孩子写作业。于是，你的情绪瞬间爆发，与丈夫大吵一架，说凭什么要让你做家务看孩子，结果二人不欢而散。这就是你没有跟丈夫及时表达情绪而导致的结果。但如果你学会了合理表达自己的情绪，你就可以心平气和地跟丈夫解释道："老公，今天在公司发生的事并不是我的错，但我被误会了。我非常委屈，心情很糟糕。现在回到家我想静一静，你能不能辅导孩子写作业？"这样，你的丈夫也就明白和体会到了你此刻的情绪变化，会尽可能地安抚、宽慰和理解你，安排好自己的工作后去辅导孩子，你们也就避免了一场争吵。

3. 采取行动

当你觉察、接纳和表达了自己的情绪后，就来到第三步——采取相应的行动。

先处理情绪，再处理事情，是情绪管理最重要的黄金法则。当产生情绪冲动时，如果你能通过有效的方法和措施对其进行疏导或者暂时转移，就可以避免很多不必要的冲突甚至不幸。建议采用如下方法：

（1）暂停一下

当负面情绪来临时，暂停目前的情绪，停止与他人或自己的对抗行为，先冷静一下。你可以深呼吸，也可以离开现场。如果条件不允许离开现场，那你可以先闭上眼睛，让自己平静下来。

（2）转移注意力

将注意力转移到其他事物上，或者去从事其他活动，从而对情绪进行自我调节。比如散步、看电影、读书、打球、下棋、找朋友倾诉等，这些都有助于让情绪平静下来，在活动中寻找新的快乐。你也可以通过适度宣泄的方法来进行情绪转移，使紧张情绪得以缓解、轻松。比如大哭一场、放声大叫、高声唱歌或者做剧烈运动等。

（3）自我安慰

也就是我们常说的"阿 Q 精神"，自我安慰能帮助你在遭遇重大挫折时接受现实，安慰和保护自己，避免精神崩溃。比如你可以用"胜败乃兵家常事""塞翁失马，焉知非福"等话语进行自我安慰、自我激励，为你带来情绪上的安宁和稳定；也可以使用积极的自我暗示，不断在心里告诉自己，"我一定行""不要紧张""不许发怒""我的孩子是最棒的"。

（4）改变思维模式

有些人凡事追求完美，如果没完成或没达标，就产生了巨大的心理落差，充满忧虑和不满。其实这种负面情绪的发生通常并不取决于事物本身，而是基于人们看待事物的不同思维方式。

尝试将自己的思维方式从"必须"转化为"最好"。"最好"的意思是最好能完成某项任务和目标，但如果没完成，自己也能接受。当你的思维方式转变后，就能更加从容地面对现实，也能减少负面情绪的出现。

运用以上三个步骤，你就能管理好自己的情绪，成为情绪的主人，而不是情绪的奴隶。

4.1.3　学会管理压力

近些年，你是不是时常从网络或报纸上获悉有些人因为压力过大而选择结束生命的新闻？可见，压力对现代人的影响很大，它与人们的学习、工作、生活息息相关。

压力，顾名思义就是指当刺激事件打破了个体原有的平衡和负荷能力，或者超过了个体的能力所及，个体就会感到压力。如果无法正确疏通和管理过大的压力，对一个人的毁灭性作用可想而知。所以有效解压，是保证生活和生命质量的重要途径，可以避免极端情况的发生。

关于如何有效进行减压，除了在上述管理情绪的部分提到的四种方法（暂停一下、转移注意力、自我安慰和改变思维模式）外，我将着重介绍另外三个方法，进一步帮你缓解和释放压力。

1. 由抱怨或担心转为对问题的解决

我们在生活和工作中会遇到各种各样的问题，让人愁眉不展或者手足无措。其实问题来了不要怕，因为怕了也没用，你还是要去面对，所以不如第一时间就去思考如何通过最有效的方式加以解决，将负面压力转为正面动力。

一个人面临的问题分为两大类：一类是可以克服的困难，另一类是很难克服的困难。针对这两种情形，我给予不同策略帮助你缓解压力。

（1）针对可以克服的困难

要摆正心态，积极乐观，对眼前的压力事件仔细分析前因后果，思考通过何种方式、方法加以处理和应对，制定行动方案，然后不折不扣地去实施方案，在做的过程中根据情况进行调整。

（2）针对很难克服的困难

针对那些无法逾越的障碍或无法控制的事情，经过你的评估在短时间内仍无法克服，或者你虽然尽了全力，仍没有进展，说明该问题本身的处理难度比较大。此时你不要勉强自己必须达成这些无法掌控的事情，否则就是徒增无谓的压力，会导致你的情绪失衡。

2. 用自我对话的方法应对压力

有些人的压力来自经常的自我否定，从而压力倍增。这种情况下，比较有效的减压方法是进行自我对话。

自我对话，是一种自我训练的方法，你可以按照如下四个步骤来进行。

第一步：给负面声音取名字。 如果你经常给自己贴一些负面标签，内心中有个声音总是看到自己的不足，对自己进行这样那样的批评，比如"我总是把事情干砸""我脾气不好""我总是学不会""没有人喜欢我"，那么我建议你给这些负面声音取一个有趣或者滑稽的名字，比如"批评家""讨厌鬼""啰唆鬼"等，从心理上跟它划清界限。

第二步：质疑并反驳负面声音。 当这个"批评家"的声音再次响起时，你不要被其影响或深陷其中，而要学会质疑这个声音，比如说："真的吗？""果真如此吗？""我是这么糟糕吗？""不会吧？我没有这么差劲吧。"

第三步：面对不足，修正自己。 把负面声音对自己的否定替换成另一种更为积极的说法，客观理性地面对自身的不足，但同时也能认识到通过努力，自己可以变得更好，做得更好。

比如，当负面声音说"这个项目我干得糟透了"时，你可以将其替换成如下说法：

— "下次，我要早点开始，让时间和准备更充分一些。"
— "我干得的确不够完美，但如果我再好好想一想，再多研究一些办法，应该能做得更好些。"
— "关于跨部门协作，如何能顺利推动项目前进，显然我需要在这方面有所提高，我应该去阅读职场书籍，或者参加课程来帮助自己。"

第四步，跳脱出来，鼓励自己。想象一下，如果别人找你诉苦，比如经济条件比你差的朋友、职位比你低的同事、年龄比你小的朋友，他们给自己一大堆负面的评价，消极地责备自己，这个时候，你该会如何回答、如何安慰鼓励他们？

"是的，你的确做得太差了。""你的人生糟透了。""你太不努力了。"你会这样回应吗？当然不会。通常你会反驳他们对自己的负面评价，你会极力说服、纠正和鼓励他们，让他们看到自己身上的闪光点，看到自己获得的小进步，对不对？

如果你能用积极的方式鼓励朋友，那么当你心中的"批评家"突然出现时，你也同样可以这样试着从负面评价的环绕中勇敢地跳出来，用看待和鼓励别人的眼光鼓励自己。所以，对于生活和工作中因遇到困难而产生的心理压力，如果你做不到举重若轻，但最起码你可以不要被其奴役和驾驭，这也是非常有帮助的。

3. 通过对外求援来缓解压力

求援并非向他人一味吐苦水或者如祥林嫂般抱怨，你要清楚求援"求"的是什么，可以求什么，以及如何求援。

关于有效求援，有如下四个要点。

（1）是否有可以求援的人

你的朋友、在意你的人、爱护你的人、你所爱的人，只要能给予救助、提供帮助的人，你都可以考虑让他们成为你进行求援的对象。但如果你环顾四周，发现几乎没什么人可以向其求援，那你的境地真的很有问题，甚至很危险，你就要反思自己过往在为人处事方面是不是存在较大的缺陷。

（2）不能全盘交给别人

求援的关键是你向朋友、家人、亲戚、老师、同事、邻居或领导等倾诉，请他们体谅你目前的难处，争取获得他们的安慰、鼓励和支持。如果他们能给予力所能及的帮助就更好了。但这并不意味着请别人代劳，或者因此逃避自己应该承担的责任，甩手交给别人去做或者推诿放弃，你需要的只是给自己一些喘息和调整的时间。即便他们并不能提供实质上的帮助，但能允许一些你需要做的事情、任务或工作稍微延期一下，也有助于降低你的焦虑和压力。

（3）可以不诉说具体困难

求援并非意味着你必须跟求助对象详细描述你目前所处的

困境，比如说："我这阵子跟老板处得非常不好，很郁闷，说不定会丢工作，你帮我出出点子好不好？"如果你不想说，就没必要说这样的话，你可以说："你有工夫喝咖啡或喝茶吗？""有没有空下班去吃顿饭？"请他们跟你一起吃饭、喝茶、喝咖啡、进行户外运动，或者在一起看球赛、看电影就足够了。

（4）寻求专业技术指导

有些你遇到的困难，普通人可能解决不了，我会建议你寻求专业人士的帮助。比如你面临跳槽转行、升职加薪、如何应对老板、与同事如何相处等问题，就可以请教职业顾问、职场导师等专家。再比如，你遇到如何跟爱人解决矛盾、如何跟公婆处好关系、如何跟丈母娘相处等问题，就可以向情感或心理专家进行求助。当然也可以提前跟对方说明要尊重和保护你的个人隐私。

以上关于减压的各种有效途径，建议先挑选出最适合你的方法再进行使用，一定会收到非常好的效果。

4.1.4 情绪和职业规划的关系

在职场上如果一个人的业务能力不错，但却时常表现出情绪不稳定、抗压能力差、心理脆弱或者容易暴躁，也就是无法管理好自己的情绪，这样他很难会被委以重任，其进阶之路也通常坎坷不平。

因此，对外树立一个情绪稳定、做事干练的形象，是每个职场人的必修课。情绪管理之所以会成为职场晋升非常重要的要素之一，是因为如下六点：

1. 情绪管理是人际交往和高情商沟通的基础

自己情绪稳定，同时能察觉到别人情绪的变化，才能做到换位思考，站在对方的角度考虑问题，将心比心，让对方感受到你的真诚，为未来开展工作打下基础。

2. 有利于解决问题，化解矛盾

当出现问题或者矛盾的时候，情绪管理能力好的人第一时间并不是抱怨或发怒，指责对方或甩锅推诿，而是能平心静气地跟对方坐在一起，认真分析问题产生的原因，如何采取补救措施，跟对方一起去寻求解决问题的方法。

3. 有利于团队合作、跨部门协作

多人、多部门一起参与和推动合作项目的时候，面对纷繁复杂的任务或者情形，如果你的情绪管理到位，就能充分理解各成员的诉求，协调各种资源，安抚团队情绪，能够鼓励大家朝向同一个目标而努力。

4. 有利于向上管理，跟领导高效沟通

善于管理情绪的人，即使遇到领导的批评也能虚心接受，客观看待领导的意见，而不是感到失落、委屈或者情绪爆发。如果自己的确有做得不足之处，能潜心研究下一次如何才能做得更好；如果真的是被误解，也会找到合适的时机，跟领导进

行耐心地解释，寻求理解。

5. 体现你的职业度和成熟度

领导在决定提拔下属的时候，有一个重要的参考因素就是下属的心智是否成熟，情绪是否稳定，处世是否周全，是不是具有未来培养的潜质。所以一个经常患得患失、情绪不稳、抱怨连天的人，会给领导留下不成熟、不职业的印象，通常也不会把他们列进提拔候选清单。

反过来说，如果你平时表现出言行稳重、成熟，遇到问题不急躁，不意气用事，能站在全局和领导的角度考虑问题、处理事情，那么你在领导心目中自然是很加分的。

总之，职场上要想游刃有余，不断获得进阶，需要你的行为是可知可控的。只有当你的情绪持续保持稳定，别人才会信任你，跟你顺利地展开合作。没有一个人愿意和负面情绪爆棚的人有过多交集，更别说愿意支持和帮助你了，人家恐怕早就躲得远远的。

试想如果一个人无法进行有效的自我情绪管理，容易精神崩溃，满身负能量，抗挫折能力差，又没办法给自己找到有效减压的出口，那么他怎么可能对周围的人和事物发生兴趣？又怎么能有自信经营良好的人际关系？

所以，学会情绪管理，让自己的情绪处于稳定状态，善于把控自己的言行，做人做事沉得住气，稳得住身心，扛得住打击，是成年人最大的修行。这样你才有信心、动机和动力不断成长和进步。

4.2
↑
高情商为人处事，拥有和谐人际关系

当你每天焦躁不安，心烦意乱，焦虑易怒，周围的人是能看到的，也是能感受得到的，那么他们会愿意接近你、与你顺利合作共事吗？当然不会。因此，只有当你管理好情绪，处于持续的情绪稳定状态后，你才有意愿也有能力运用高情商的方法去营造外部和谐的人际关系。

拥有和谐的人际关系绝不是只要会说话就可以，你必须学会识别他人的情绪，善于有效倾听，展开高情商对话，这样才能让别人处在如沐春风的状态中，进而愿意支持和帮助你，推动彼此的合作。具体做法，本节将重点从如下三方面展开介绍：

—— 识别他人的情绪。

—— 有效倾听他人。

—— 避免彼此尬聊。

4.2.1　识别他人的情绪

识别并准确地判断他人情绪，也就是我们通常讲的要能看懂别人的表情，读懂别人言语背后的意思，俗话叫"察言观色"。

1. 为什么要识别他人的情绪

首先，为你的决策和下一步行动提供必需的主要情绪信息，不然可能会对你的工作或生活产生不利影响。比如你跟他人交谈，他人对你提出的话题不感兴趣，但你对此却毫无察觉，看不出来他人已经不耐烦，仍然自顾自地滔滔不绝，就会让他人非常反感，甚至主动结束谈话。

其次，如果能意识到他人积极的情绪，就可以获得关于周围世界的重要信息，从中发现有利机会。比如你作为销售人员在面对客户时，如果能及时发现对方感兴趣的微妙迹象或者话题，可以就这一点深入展开交流，并逐渐过渡到你要引领的谈话方向上，这样一来，对方就会更容易接受，对你的好感度和信任感也会增加。

最后，人们在彼此交流时传递信息，除了使用话语，还要通过声调、姿势和面部表情来传递。但如果你不善于通过细微的线索，观察和判断他人此刻的情绪或心情，那就很可能会在有意或无意中冒犯或惹恼他人，引起他人不快。

2. 如何提高识别他人情绪的能力

既然识别他人情绪如此重要，那么该如何提升这种意识和能力呢？

想要获得提升并非一蹴而就的事，你可以先掌握基本的方法，即观察法，通过对他人的表情动作来识别；然后再学习高阶方法，即共情能力，能设身处地站在他人的角度理解他人的情绪，这需要长时间的体验和积累。下面分别介绍两种识别他人情绪的方法。

（1）观察法

观察法可以从观察对方的面部表情、肢体语言、习惯性小动作、声音或语调、对方的回应，以及感受气氛这六个维度来入手。

第一，面部表情。表情作为人们情绪变化的晴雨表，早在远古时代就成为人与人之间交流沟通的重要工具。你从他人的眼神、嘴角、眉毛的变化中都可以揣测出其情绪状态。只有感受到对方的表情变化，才能及时调整自己的说话方式和思维方式，从而采取恰当的行为。

第二，肢体语言。肢体语言在特定场合下是有专门含意的，能表达特定的内心感受。比如：来回搓手表示不安、窘困或拘束；笔直僵硬地坐着表示紧张；抽烟或是咬嘴唇，表示用来争取时间思考，或暂时不愿讲话等。

通过观察对方的肢体语言，可以准确有效、迅速地判断出对方的情绪。通过对自己在判断他人情绪时的失误和教训进行分析，能不断提高自己这方面的能力，积累丰富的生活经验。

第三，习惯性小动作。大部分人都会有独特的习惯性小动作，比如摸鼻子、抖腿、清嗓子、眨眼等。这种动作一旦出现，就说明对方的情绪出现了波动。平时你要特别留意周围熟悉的人有哪些习惯性小动作，一般在什么时候会出现。如果你没有关注到这方面，认识不到小动作背后的情绪信号，很有可能会造成不好的局面。

比如，你向上司汇报工作，不久后他就开始频繁摸头发，而你却浑然不觉，继续讲着，直到上司神情严肃地让你把报告拿回去重做，你才意识到自己犯了错。通常来讲，摸头发这个小动作是一个情绪化的、郁闷焦躁的信号。如果你早已察觉并暂停下来，请教上司当时的想法，他就不至于最后如此生气。

第四，声音或语调。很多时候，如果一个人说话语速过快，表示他的内心比较激动；声音细小，说明不够自信；说话磕磕绊绊，说明准备不足或胆怯。

在交流的过程中，你可以观察对方的语调：如果他能跟随着你的语调变化而应和，说明他尊重你，想要拉近彼此的距离；但如果对方的语调很单调没有感情，甚至冷漠少语，那很可能说明他对此不感兴趣，你可能需要换个话题或调整说话方式。

第五，对方的回应。在跟他人聊天，包括用微信对话的过程中，你不能只沉浸在自己的表达中而不管对方的回应如何，这样会让对方很不舒服，导致聊天无法进行下去。如果对方的表情、言语反应比较冷淡，或者回复一些客套的、礼节性的语言，其实就表示他缺乏继续聊下去的热情，那么你千万不要不识时务，引起别人的反感。

第六，感受气氛。处在群体当中，要清楚什么时候该说什么话，不该说什么话，这是一种感知群体情绪反应的能力。比如在集体聊天中总有些制造尴尬的人，就是典型的对集体气氛缺乏敏感度的表现。

我有个学员，在识别他人情绪这方面曾经非常迟钝，不会察言观色，经常说错话得罪人，为此他很是苦恼。跟我学习了情商课后，她立刻运用观察法每天记录身边领导和同事的面部表情、肢体语言等，然后分析他们接下来的言行。一个月后她发现，自己居然也能看懂别人表情背后的真实情感，听得懂别人话语里的弦外之音，整个人变得机灵和通透了很多。

总之，当你认识和评估他人情绪的能力越强，你就越能轻松地把握住他人的情绪，从而做到言行得体、进退自如。

（2）共情能力

正如上文所述，共情能力是能设身处地地站在他人的角度看待事情，理解他人的情绪或感受，这与你能不能把关注点从自身转移到他人身上有关。在实际生活中，想要真正实现这一点，需要花费一番工夫和刻意练习。

共情能力并不是同情，同情是对他人的悲惨处境感到不舒服，而共情则是想"如果是我的话，会怎么样"，是深入他人的思想里，体验他人眼中的世界。

共情之后采取的行动不是因为看出了他人的脸色就去讨好他人，失去了自己的底线，而是在充分了解他人感受的基础上，用恰当得体的言行方式与对方相处，最终是为了实现自己的目标。

如何提高自己的共情能力呢？你可以从如下三个方面加以练习。

第一，摆脱以自我为中心。你要尝试开始关注周围的人。比如试着从小事开始，多关心家人和朋友，学会尊重他人，多站在他人的立场上考虑问题。你也可以扩大自己的社交圈，多接触其他人。当他人真诚热心地帮助你，让你感受到善意和温暖的时候，你也会自然而然地想以相同的方式去回报他人。

第二，培养对他人需要的敏感度。当你摆脱了以自我为中心的状态，就可以学着从他人非言语的细微表达中迅速察觉对方的需要。比如一声叹息、一次皱眉、一个眼神、一次嘴角的牵动、一个欲言又止的表情等，都可能反映出对方的需求。

公交车上不让座的年轻人，可能并不是故意不让座给老年人，而只是缺乏对他人需求的敏感度和共情能力，因此对站在自己身边的老人视而不见。不仅如此，他们在其他需要自己施以援手的场合中，大概率也会表现得无动于衷。

第三，锻炼换位思考。《了不起的盖茨比》（ *The Great Gatsby* ）里有一句话："在你想要批评别人之前，要知道许多人的处境并不如你。"

学会站在他人的立场看问题，给他人说话的机会，不要总是固执己见。当你没有站在对方的角度去看待问题时，就容易把自己的喜好和想法强加给他人，也就会失去设身处地地感受和体谅他人的能力。

换位思考有三个技巧，分别是：

— 如果我是对方，我需要什么？
— 如果我是对方，我不希望什么？
— 如果我是对方，我该怎么做？

当你能熟练运用以上三个技巧后，换位思考的能力就会大幅提升。

4.2.2　有效倾听他人

1926 年，美国学者保罗·伦根（Paul Rankin）做了第一个关于倾听的研究。研究结果表明，在四种沟通技能——听、说、读、写中，人们用于听的时间占比最多，为 45%。这个结果令人们惊讶，因为人们在平时用于练习和提高的训练中，听是次数最少的。这足以说明要想提高自己的沟通技能，训练自己倾听的能力有多么重要和急迫。

的确，倾听对人际交往来说至关重要，会倾听的人更容易赢得别人的尊重和信任，在职场中也容易成为团队的核心和主心骨。而不会倾听的人，通常表现为看似做到了倾听别人的谈话，但后来再问他别人究竟讲了些什么，他又说不清楚。这就不是真正意义上的"会倾听"，只能说是听到了别人的讲话，但没有做到有效倾听。

大部分人在倾听过程中会经常犯一个错误，就是一听到别人诉说，就立刻给出建议、安慰或者自说自话。其实急于给出建议和采取行动，并不能充分体会到对方此时的心态和所处状况。

那么，如何才能做到有效倾听呢？有如下七个方法供你参考。

1. 带着目的倾听

在跟他人交谈、沟通或开会时，除了一些漫无目的的聊天，还要学会带着目的去倾听。提前思考通过本次对话，你想获得什么信息或建议？你想表达什么观点？你想如何说服对方等。

2. 全身心的倾听

在倾听过程中，我们要放下成见，态度谦虚；认真倾听，不要三心二意；仔细捕捉对方话语中的含义；同时要注意，如果对方讲得太多，或者他讲的话题你不感兴趣，也要尝试控制自己的情绪，不要把厌烦的情绪表现出来，耐心听对方把话讲完，做到基本的尊重。

3. 有准备的倾听

在倾听前你可以做好如下准备工作：选择合适的时间和地点；重视倾诉的对象；做好倾听不同意见的准备；暂时停止手头的工作。

4. 积极配合对方

在交流过程中，要表现出你一直在专心听，并适当地用话语和肢体语言给予积极回应，比如眼神交流、微笑、点头、身体前倾，或者说"嗯""哦""对""我明白了"等。

5. 不随意插话

即使你不同意对方，也不要轻易打断其发言，要尊重对方的看法。更不要轻易表态，若是妄下评语和挑剔批评，会让人感觉你过于自负，有优越感，从而影响谈话的进行。如果确有必要进行纠正，也先要等对方讲完，然后你再阐明自己的观点。

6. 复述对方的重要话语

这种方法就是在理解了对方的观点后，你将他所讲的内容或情感反向传递回去，确保自己理解无误。关于如何复述，你可以尝试以下话术：

— 解释对方的话。"您看，我这样理解对不对……""您是说……"

— 总结对方的观点。"按我的理解，你的计划是……""你最不满意的两个地方似乎是……"

— 阐明对方的观点。"所以你认为……""那么，你对这个事情的建议就是……"

— 辨别对方的潜台词。"你的意思是……""我想你的言下之意就是……"

7. 适时适度的提问

为了增加与对方的互动，你可以运用一些巧妙的提问来表明你在认真倾听对方的话。比如：

— "可否为我概括一下你刚才提到的那些观点？"

— "能否将你的观点解释得更深入一些？"

— "可否帮忙解释一下，你提到的……是什么意思？

— "能否举个例子来说明一下，究竟什么事让你感到
烦恼？"

那些在某个领域优秀又有魅力的人，绝不是滔滔不绝、喋
喋不休的人，他们必定是一个优秀的倾听者；那些善于与人沟
通的高手，也一定是善于并乐于倾听的人。

4.2.3 避免彼此尬聊

如果能做到准确地识别他人的情绪，沟通时运用有效倾听
技巧，你的情商水平就已经提高了一大截。但距离能游刃有余
地进行高情商沟通，你还有一个重要的瓶颈要突破，那就是如
何才能愉快地聊天。

有些人不会聊天和找话题，也不知道跟别人说什么、怎么
说，经常发生冷场、尴尬的局面。的确如此，如果你的谈话无
法激起对方的兴趣，或者你说的话让对方感觉不舒服，别人就
不会对你有好印象，希望早点结束跟你的谈话，你就失去了一
个与人交流的好机会。

那么如何开启聊天，避免尬聊？有哪些话题很安全，适合
聊天，不会引起对方的反感？这里跟大家分享两个思路：第一
个，找基本话题；第二个，找彼此的共同话题。

1. 基本话题

基本话题的范围包括：寻找熟悉话题、分享经历、热门话

题、热门综艺这四个方面。

（1）熟悉的话题

彼此熟悉的话题非常广泛，比如询问对方的家乡、特产、职业和兴趣等。

第一，家乡、特产。聊这个话题的时候，你要仔细观察对方的表情，不要涉及别人的隐私，建议加上你对其家乡的认可、赞美或是同情。如果你也曾去过其家乡所在的城市，对方可能会更有兴趣继续聊。

第二，对方职业。在聊到与对方职业相关的事情时，千万记住只要不问对方的收入，基本上都不会犯大错。如果对方喜欢自己目前的工作，你的询问能一下子打开他的话匣子；如果你发现他对谈论职业的话题不感兴趣，转到别的话题即可。

第三，兴趣和爱好。询问对方的兴趣或爱好会比较容易激发对方对谈话的热情。人总会有兴趣，只是看他要不要与你分享。这里需要注意的是，不要去评判对方兴趣的好与坏，你要做的就是认可与赞美，让对方多说说为什么他对这个有兴趣，至今为止是否取得过什么成绩等。

（2）分享经历

除了上述的熟悉话题，你也可以主动分享自己遇到的一些比较新鲜、有趣或特殊的经历及故事。这么做有两个好处，一是可以让对方卸下心理防备，拉近跟你的距离，说不定对方也会跟你分享他的故事；二是显得你为人随和，和你聊天很轻松自在。

（3）热门话题

你还可以聊一些当下比较热门或流行的新闻、事件或者话题。因为流行的东西非常具有交流性，基本上大家都能聊上几句，有参与感。同时也显得你与时俱进、有趣有料，不古板木讷。

（4）热门综艺／电影

如果在场人士中女性比较多，你可以聊一聊女性比较喜欢的电影、综艺节目或者电视剧，谈谈里面让自己印象比较深刻的人物、画面、情节或对白。这样一来，通常女性都会很快聊得热络起来。

2. 共同话题

上述四方面是基本的聊天话题，想要使聊天话题更广泛和精准，你还可以寻找彼此的共同话题。尤其对于初次见面的人来说，找到共同语言，才能保证彼此有说不完的话，使交谈继续下去。反过来说，如果你不善于寻找共同话题，就很可能使得双方的交流出现冷场，谈话自然无法深入下去。

具体来说，该如何寻找共同话题呢？建议从如下四个方面去发现：

（1）利用口音

与陌生人交流时，你可以通过口音判断他是哪里人，然后看看你和他是否有共同话题可以继续聊下去。比如你听出来对方是四川人，就可以问："你是不是四川人啊？"如果对方回复说"是"，你就可以接着说："我曾经在成都生活过七八年，你到这边来是出差还是在这里发展啊？"接下去，你继续找相关话题去聊就可以了。

（2）察言观色

一个人的兴趣喜好、精神追求、生活品质等内容或多或少都会体现在他们的服饰、表情、谈吐、举止和生活摆设等方面。只要你善于观察，就会发现你们彼此的共同点。

（3）听人介绍

当你去朋友家做客或参加聚会时，遇到有陌生人在座，主人会马上为你们彼此介绍，并说明你们各自与主人的关系，以及各自的身份、工作单位，甚至性格、特点、爱好等。如果你足够细心，就可以从这些介绍中马上猜度或发现对方与自己有什么共同之处，从而展开话题。

（4）听别人的聊天

在与众人的聊天中，如果你发现自己跟某些人有共同的生活环境、工作任务、行路方向、生活习惯等，你就可以针对这些共同点发起话题。需要注意的是，谈论共同话题时，不要谈及隐私和敏感问题，比如不要打听人家的年龄、工资状况，以及婚否、是否有孩子等。同时，也不要聊那些很高深或有关政治倾向的问题，因为此刻大家都不熟悉，相互之间的关系还没熟到能进行辩论的程度。而且刚刚接触的人，你也不知道对方有什么忌讳的话题。因此，建议先谈论一些无伤大雅的共同问题。

所谓有聊不完的话或者有话题，从更深层次来说，其实是有想要把自己分享给别人的愿望，或者对别人感到好奇，你希望与眼前的这个人更加了解彼此，建立更加深入的关系。有了这些愿望的驱动，自然而然会有说不完的话题。

我曾经跟学员一再强调，若是情商不足，就算工作再努力、绩效再好、再有进取心，也都是暂时的，因为不懂同情他人、不会换位思考而无法聚拢人心、以己度人、激励下属、在职场之路上注定走不远、飞不高。

4.3
↑
如何高情商应对尴尬和艰难场景

当你学会了高情商的为人处事的方法后，在与他人进行沟通和交流的过程中，仍然会遇到诸多尴尬甚至艰难的场景。如果你不假思索地脱口而出，或是逞一时口舌之快，快言快语，那通常只会让场面更加难堪，无益于沟通的顺畅和问题的解决。

这一节，我将跟你分享如何利用高情商的技巧来应对三种较为艰难的沟通场景：

— 如何委婉地拒绝别人。
— 如何委婉地表达异议。
— 如何使用说服性沟通技巧。

4.3.1　如何委婉地拒绝别人

生活或工作中，总会发生一些情形，使你想拒绝他人的请求或要求，但又不能当时就撂挑子，直接拒绝，因为这样很容易得罪人，会造成职场上的尴尬。于是，这令很多人感觉左右为难，不知所措。

其实，你完全不必为此烦恼，学会委婉拒绝是处理这种棘手情况最好的方法。我在此将你想要拒绝的情形分为两种，一种是你真心不想答应，另一种是附有条件的答应。

1. 真心不想答应

如果别人对你提出要求，而你觉得这些事情已经超出了自己的职责或能力范畴，而且无法做到；或者是即使做了对自己也没什么好处，你就要明确而快速地与对方进行沟通，告知对方自己的难处和困惑，这样就能避免给自己造成不必要的麻烦。这其实是某种意义上的心理博弈。对方在向你提出要求的时候，可能也不了解你有难处，那么当你语气平和地如实相告，并争取获得其理解的时候，他或许立刻就能明白个中原委，并不勉强你。

当然以上是最理想的情形，万一如果对方不理解，死缠烂打，说明对方的出发点和动机就有问题，明显是想占你便宜。那么对于这种人，你更要勇敢拒绝，唯一要注意的是，你的拒绝要讲究方法。

我建议按照如下步骤来委婉拒绝。

第一步，重复和理解对方遇到的问题。 对方在给你提要求的时候，通常会先介绍一下背景和处境，以及为什么需要得到你的协助或帮忙。那么你在认真倾听后，先复述一下对方提出的问题，表现出你非常理解他。

第二步，委婉地讲出自己的困难或处境。 在理解了对方的处境后，你要如实跟对方讲一讲虽然自己在心理上也想提供帮助，但你目前在资源、时间、能力等各方面都暂时不具备帮助他的条件。这么做不只是为了保全你的面子，也是顾及对方的面子。

第三步，给对方提出建议或替代方案。 虽然没有办法帮助对方，但你也不会袖手旁观。如果能想到其他的替代方案，你可以站在对方的角度，积极地提出建议。

为了帮你更好地应用这个方法，我举个例子加以说明。当领导急匆匆地向你派了一项工作任务 B，但你实在没有精力马上就上手，你可以这样处理：

"领导，任务 B 很重要，是吧？（先理解对方的难处）跟您汇报一下，今天我的工作计划已经满了，正在做您让我下班前要交的 A 报告。（委婉地说出自己的难处）我等会儿重新列下今天的工作计划，然后再跟您汇报，看看时间安排，我手头在做您交代下班前必须完成的 A 报告，要是 B 任务这么着急，那把 A 报告先放一放？您看我该先做哪一项呢？（给出建议）"

如果你没有用这个方法，领导交代后就硬着头皮接下来，什么也没说，一会儿做 A，一会儿做 B，甚至过一会儿又去做 C，到头来可能哪一样都没做完、没做好，领导找你要结果的时候，发现都不能令他满意。

在职场上遇到的困扰和挫折，很多时候是因为自己好面子，所以就直接答应，而做了之后才发现自己力有不逮，能力有限，无法达成目标，费力不讨好。掌握委婉说"不"的方法，本质上就是要把由于拒绝而造成的失望和不快，提前控制在最小限度之内。

2. 附有条件的答应

这种情形是指你并非绝对不答应，而是要附加条件。

举个例子。同事想让你帮忙去维护与一个客户的关系，如果你断然拒绝，显得不大合适，毕竟都是一个部门的同事，平时抬头不见低头见，以后可能相处会有隔阂；但如果立刻答应，显然又是白白替人做事，对你自己并没有什么好处。

经过权衡，如果你判断这件事还是可以做的，就想想如何向对方提出自己的条件，比如："可以的。对了，我记得你手头上有公司新产品的样品，可不可以借我用两周？"提完这个条件，局面就会发生反转，不再是同事向你提要求，而是你提出条件后，他要去考虑是否同意你提出的交换条件。如果他认同这个条件，就会答应；当然，如果他不认同，也明白了你的付出不是无条件的。

为什么不直接拒绝，而是要有附加条件？这么做有三点好处。

（1）变被动为主动

你不要因为向对方提出条件而觉得不好意思，既然对方都能好意思提出请求，那么你提出自己的条件，也是合情合理的。最重要的是，你把自己从被动答应或不答应的位置，转换到了主动操控局面的位置。

（2）体现出你的价值

当别人向你提要求的时候，认为你会理所应当无条件答应，但你提出了一定的条件，他们就知道你的付出也是有价值的。

（3）锻炼谈判能力

这种情形迫使你要思考如何将单方面的要求转变为双方谈判，并为自己从中寻找资源，这也是一种资源的交换或置换方式。

在委婉拒绝的这两种情形中所使用的技巧，你要发自内心地去运用，而不是一直纠结难受，不好意思，甚至觉得拒绝就是对不起别人。

4.3.2　如何委婉地表达异议

在生活和工作中，你是不是有过这种经历？有时候跟朋友或者同事讨论某个问题，聊着聊着就会出现不同观点甚至发生冲突，你明明感觉自己有理，是对方的想法太偏激，但不知道如何说才能更加稳妥且不失理性地表达出自己的不同意见。如果直接反驳对方，担心对方会不高兴，彼此的关系因此闹僵，影响友谊；但如果不反驳，又实在无法接受对方的观点。

其实，这就涉及如何委婉地表达不同的意见。怎么做会比较得体并保住彼此的面子？在这种情形下，注意首先要维护感情，然后再表达不同的观点。具体可参考如下六个方法：

1. 做好心理建设

首先，抱着开放的心态，学会接纳和包容对方的观点，而不是试图证明自己是对的，别人是错的，无法容忍对方有不同想法。

每个人都有不同的阅历和背景，看待同一事物的角度和理解也会有所差异，这是非常正常的，你可以尝试从别人的角度去思考他的观点，体会他的想法，从中提取合理性和可取性的部分。想一下，你怎么知道你肯定是对的，而别人肯定是错的呢？

2. 运用转折过渡

想要表达你的不同观点，可以运用转折过渡的方法，也就是先表示赞同，再表示不同意见。如果你能在充分尊重别人的前提下，再委婉表达自己的不同观点，就可以减少双方情绪问题的升级和冲突，这种方式更容易让对方接受你的观点。

常用句式，比如：

— "对，我之前也是这么想的，但我后来又想了一下……"

— "我觉得 ×× 刚才说得非常对，我们如果这样……再改进一下，效果应该会更好一些。"

—— "你说的××，这一点很有道理，我也有过这种感受（或经历），后来我有了新的想法，是因为……"

你看，用这样的句式，是不是就很自然地把自己的观点和想法带出来了？

举个例子。开会时你对销售经理的建议有不同看法，如果运用转折过渡的方法，就可以这样说："老刘，您刚才说的这个月最好给前五家大客户促销，挺有道理的，尤其是规定他们提货的最低限额是 1000 万元，这个想法确实不错。那么，您觉得我们把限额提升到 1200 万元如何？因为公司这次给的返点力度真的很大，您觉得这个想法怎么样呢？"

从始至终你都很客气，并没有说不同意销售经理的建议，两次表达"有道理""想法不错"，这样对方听起来就会非常舒服，而你又将自己的不同想法嵌入了这段话中，让对方在不知不觉间可能就认可了你的新建议。

这里的关键点是，即使跟对方持有不同意见，你也要先从双方都认同的部分谈起，着重强调这部分并从这里入手是妥当的做法。千万不要从分歧大的地方开始，那样只会迅速挑起冲突。同时，你要委婉表达这样的意思：你们都是为了相同的目标而努力，唯一的差异只在于你们所采用的方法。

3. 给对方留面子

即使对方的观点真的是错的，也要给对方台阶下、留面子，让他认为自己之前提出来的主张是因为对事情考虑不充分，而不是因为自己蠢。

常用句式，比如：

— "上次有个信息忘了告诉你，其实是这样的……"
— "你可能误会了，其实事情的背景是这样的……怪我没早告诉你。"

4. 表现出明显的为难

在表达不同意见前，表现出明显的为难或不好意思的态度来，会降低不同意见带来的冲突感。当你想要表达的观点与对方的差异太大时，如果直接讲出来，势必会引起气氛的紧张或尴尬，令对方产生不悦。所以我建议你在说出来以前，明显地表现出犹豫不决、看上去似乎不好意思开口的样子，让对方提前有个心理准备，甚至反而会劝你没有关系。

常用句式，比如：

— "有些话，我也不知道当讲不当讲。"
— "有些看法我说的不一定对，也请你不要见怪（或者不要生气）。"

5. 诱导对方否定自己

这种方法是，你不直接说出自己的观点，只是讲出你对该问题的各方面分析和顾虑，让对方听完后自己去做判断，他会思考按照自己的方法可能遇到什么困难，导致哪些不利的结果。

这样你就在无形中诱导对方否定了自己提出来的意见。

举个例子。在一个与不同销售部门的会议上，我并不同意其中一位销售副总经理的方案，但他的级别比我高，如果我直接表达出不认可他的方案，显然不是一个好方法。我的做法是根据他提出的意见，把在座几个销售部门的业务数据都做成了详细分析图表并展示出来。

当幻灯片展示在大屏幕上的时候，只有这位销售副总经理所负责部门的数据不好看，总经理看完后脸色一下子沉了下来。在数据面前，销售副总经理也无话可说，不再争辩，现场所有人都很清楚地看出按照他的方案是行不通的，包括他自己。

6. 注意表达技巧

使用以上方法表达不同意见的时候，要注意让自己的语音、语调保持平和真诚，不要咄咄逼人，使人难堪。如果你的观点错了，要坦然面对，勇于承认，若是只顾着强词夺理，只会让自己的形象一落千丈；如果发现对方错了，要表现得谦虚和蔼，给对方留余地，而不是不依不饶，打击对方的智慧、判断力和自尊心。

4.3.3　如何使用说服性沟通技巧

掌握了如何委婉拒绝别人、如何委婉地提出不同观点的方法后，在日常工作和生活中还会遇到另外一种艰难的沟通场景，那就是如何能说服他人接受我们的观点。想要说服对方，需要遵循这样三个步骤：提前准备、引导话题，以及让对方说出结果。

1. 提前准备

进行说服性沟通的第一步，你需要提前做好三项基本准备。

（1）了解彼此的差距

厘清思路并想清楚对方的诉求或期望，和你想要达到的目标之间的差距是什么？大不大？如果想要缩小或弥补差距，你有什么备选方案或策略？

（2）准备沟通的关键话术

想好了备选方案后，你要提前设计和梳理好沟通时要说的语言或话术。如果是当面沟通，你可以提前将关键话术背下来；如果电话或语音沟通，你可以将语言或话术写下来放在旁边作为提醒。

（3）明白想要的结果是什么

做前两项准备是为了帮助你进行有目的性的沟通和引导，所以你心里要一直很清楚谈话的方向和目的是什么，你要的最终结果是什么，要说服对方接受自己的观点。

举个例子。假如你是公司行政部门的经理，根据公司的决定，下一步要取消销售人员汽车加油固定补贴制度，改成实报实销制。这时你要跟销售部门负责人沟通此事，说服他们接受这个政策。按照上面准备工作的步骤，你可以这样操作：

第一步，提前了解差距。你获悉销售人员之前的固定汽油补贴是每月 1000 元，而改成实报实销后，也许金额是 700 多元

（上限不超过 1000 元），这样就有了 200 至 300 元的差距，你就要去思考如何针对说服别人接受这个差距。

第二步，设计说辞和话术。 你可以这样说："实报实销，是为了更好地进行费用控制，既能帮公司节省开支，又能帮各位合理制订用车出行计划。其实，汽油费用还是由公司承担的，大家没有为此多出钱。"

第三步，明确沟通目的。 你要始终明确本次沟通的目的，就是让销售部负责人接受并支持这个新政策，而不是其他的目的。

2. 引导话题

说服性沟通的第二步是引导话题。在沟通过程中，你要主导并引导话题的推进。换句话说，就是你一定要主导谈话的节奏，让沟通按照你事先策划好的方向走，不能跑偏，也不能被对方牵着鼻子走。

在这个过程中，有三点需要特别注意。

（1）用温和的方式做开场白

开场白不能一上来就气势汹汹，要温和有礼，用对方能接受的方式开始，甚至可以像唠家常一般。比如上文关于调整汽油补贴政策的例子，在谈话之初，你最好不要一上来就神情严肃地跟大家说："我跟各位说一下新政策。"

我建议你这样开场："哎呀，在经济形势这么不好的情况下，咱们公司的销售额还能保持 10% 左右的增长，真的很不错，多亏了各位销售部门同事的努力。如果咱们的利润也能保持正数，那就更好了。"

这句话的潜台词是：现在的利润是负数，所以我们需要节约开支、缩减费用。销售部门不仅能听懂你这个观点，一般也都会认同，因为没有人是不希望公司销售利润高和赚钱的。

（2）保证话题在既定方向上

按照你提前准备的话术，逐渐将双方要沟通的内容，引导和转移到你设计好的话题上，确保方向正确。

还用上文的例子来说明。在你跟大家沟通的过程中，如果有人提出反对意见，说新政策变相降低了销售人员的收入，这是不合理的。此时你该如何应对？

要把之前准备好的话术和资料用起来，你可以说："经过走访和调查，咱们销售人员每个月真正能用到 1000 元油费的人数，其实并不多，也就是说大家几乎都用不完 1000 元的油费补贴。大家也知道，各位销售同人的主要收入来源是来自销售业绩的奖金和提成，而不是汽油补贴这 200 元至 300 元，对吗？"

除此之外，大家可能还会提出其他各种各样的疑问，这就要求你在准备工作上多下功夫，把容易被提及的质疑尽可能地考虑周全，同时准备好应答的话术。

（3）保持情绪稳定平和

沟通过程中，要注意语气平和，情绪稳定，保证双方在情绪和节奏上彼此一致，是在同一个频道上沟通。不要针锋相对或带着负面情绪，甚至发生较为激烈的对抗。

3. 让对方说出结果

想要说服对方，最好的场面就是你能让他主动说出你想要的结果。也许你会觉得这太难了，基本不可能，但如果你能掌握正确的方法，完全可以达到这个目的。下面分享三个方法，引导对方主动说出你想要的结果。

（1）选择法

拿出至少两个以上的方法、建议或方案让对方做选择，那么无论对方如何选，都在你的意料之中。这里的关键点是，你在列出各个备选选项的时候，要提前做精心筹划，让选项之间有充分的对比性。当然如果你对某个选项有自己的倾向性，那就要把那个选项设计得更加有吸引力，让对方不知不觉就选择了这一项。

（2）追问法

挖掘对方的痛点后，告诉他该如何解决他的痛点，而这个解决办法其实就是你要说服他所得到的结果。比如上文的汽油补贴新政策的例子，在正式开场之前，你可以不经意地把销售分析数据拿给销售部负责人看，跟他说："咱们部门的销售额不错，但利润却是负的。集团领导很关心，也有些担忧啊！您看看这个利润数据。"

对方看过之后，就会说："这个月的利润确实很不理想，让人发愁，得想想办法。"

说到这里，你就顺势往下说："是啊，谁都知道上面很关心销售利润，您肯定也很重视这个数字，所以我们也在想办法帮助您。您看看这几组销售部的支出和费用中，汽油补贴这一项还是有比较大的空间可以缩减一下，这样也可以为利润做贡献，您看怎么样？"

你这么说的出发点是帮助对方解决他的痛点，也为下一步说服他接受新政策做了很好的铺垫。

（3）打消疑虑法

当你表达完自己的观点，对方却说出一堆反对或不接受的理由时，你不要感觉很惊讶或者很受伤，这些都应该在你的意料之中。这个时候你就要用事先准备好的理由、证据和话术把他反对的因素一个个排除掉，打消他的顾虑和质疑。这样，他就再没有反对的理由，不得不接受你所想要的结果。当然，如果对方专门针对你个人展开人身攻击，就另当别论了。

（4）约定原则

说服性沟通的第四步是约定三个基本原则。经过如上三个步骤，你已经达到了说服对方的目的，但这还不够，接下来才是双方达成一致的关键时刻。此时，你要把握三个基本原则：

— 约定时间：事情什么时候开始做？什么时候能完成？
— 约定方式：过程中采用什么方式、途径和方法？
— 约定责任：双方各自需要承担何种责任和义务？

如果你最终说服了对方，但没有将这三个原则跟对方进行约定并落实到书面记录中，或者对方只是口头答应，但行动上却一直延迟或推诿，最后就会耽误事情的进展。

综上，提高情商要紧紧围绕实现自己的目标展开，不是为了与别人钩心斗角，而是为了让自己少走弯路，少些曲折、挫折和障碍，让自己的人生更加顺遂。

高情商的处世之道，看似是在提升与人相处之道，其实是对内心的反映，由己及人，让自己变得更包容，胸怀更博大。

第 5 章

资源力——资源整合

5.1

↑

资源整合力，放大自己的优势

在职场中，靠一个人独立完成工作越来越困难，尤其遇到跨部门合作或者承担具有挑战性的任务时，就更不可能依赖于单打独斗。面对这种情形时，有的人倍感艰难，不知从何入手；但总有一些人却可以在现有环境中找到机会，在别人办不到或者做起来很难的事情上实现突破，顺利完成任务。这一类人除了自身业务能力足够强外，更为重要的是他们非常善于资源整合，擅长借用和调用各种外力，创造组合出新的资源用以解决问题。

虽然很多人抱怨自己没有资源，没有机会，做事情困难重重，但其实资源就在你身边，只是你没有发现，不懂如何进行整合、运用和把握。本章我将跟你分享高效成长模型的第五力——资源力。本章第一节的内容要点如下：

·什么是资源整合？

·如何进行资源整合？

5.1.1　什么是资源整合

1. 资源整合的概念

资源整合，就是以你想要得到的东西或办成的事情为目标，用你手头上的现有资源和个人价值，包括你在团队中所能获取并能运用和调动的一切资源，去帮助他人办成其想办的事，拿到你想要的结果，得到你想要的东西。资源整合既可以针对职场上的工作和项目而开展，也可以针对自主创业而进行。

也许有的人会说，我只要盘点自己手头的资源，将其进行整合就能创造价值，我自己不需要具备什么能力吧？当然不是。如果你只是单纯地借助其他人的资源，而自己却没有过硬的实力，无法提供价值，那么你将难以调动资源，别人又为什么要跟你互换资源和帮助你呢？

还有些人会有个疑问，似乎只有那些管理者或者老板才有资源，作为普通员工能有什么资源呢？其实每个岗位都有其设置和存在的价值及意义，不要总觉得自己所做的工作没有特别之处或是过于平庸。你工作本身的贡献和产出，你能接触到的人、事、物都可以当作你的资源加以考虑。

想要进行资源整合，如下几个问题值得你认真思考：

—　你自己有什么优势？能提供什么？有何擅长之处？

—　你自己有什么劣势？有何短板？缺少什么？

—　谁能弥补你不擅长的短板或提供你缺少的部分？对方

或者第三方、第四方，各自都有什么优势或资源可以
弥补？

— 如何利用你现有的资源并结合各方的优势及资源，将
你要实现的目标或利益最大化？

— 如何说服各方愿意帮你并提供你缺少的东西？

— 如何创造属于各参与方的共同利益？

最终，你会发现资源整合遵循这样的路径：

自己的擅长（资源）+ 别人的擅长（资源）+ 弥补自己不足
+ 给对方的好处 = 促成共同利益和共赢。

2. 资源包括什么

资源既可以是你个人的业务专长，也可以是你的同事或上
司能为团队带来什么，当然也可以是你的外部客户或合作伙伴
能带来什么。资源，利用起来才叫资源，放着不用的话产生不
了任何价值。

在职场上，小到一件工作的完成、一个难题的解决、一次
销售的实现，大到一个项目的推动、一次成功的跳槽、一项事
业的成功，都需要对各种资源进行梳理、调动和整合。能进行
整合的资源，包括你拥有的时间、资料、知识、经验、技能、
权限以及人脉等。

（1）时间资源

完成同一项工作，为什么不同的人需要的时间不一样？完

成的数量或是总量不同？工作质量也有着天壤之别？原因就在于每个人对于时间的合理安排、优先级排序、工作方法和效率不同，从而导致每个人对时间的利用效率不同，使时间成为自己的可支配资源。

（2）资料资源

在不同的岗位，每个人能接触到的公司内部资料、素材、数据库不尽相同。除了极个别的公司机密，其实很多信息都可以分享给有需要的同事，但不在这个岗位上的同事想要获得这些信息却并不容易，这自然就成了你的资源。

比如，在财务部做销售数据分析的同事，他们有产品销售额、销量、利润、库存等信息。对于市场部的人来说，如果他正在负责如何提高公司销售效率的项目，需要对产品的销售数据进行深入分析。这个时候，财务部的数据就是市场部要获得的资源之一。

（3）知识、经验资源

每个人所在的部门和工作岗位都有专业性，担负着公司赋予的实现某方面的职责，因此相应的员工要具备符合岗位要求的学历、专业知识以及相关工作或行业经验，有的时候要求会非常高。对于其他部门的人来说，这些就是我们独有的优势和资源。

比如，财务人员具备财务领域的专业知识，研发人员掌握技术、产品和行业知识，那么对于研发部来说，财务部有特定的资源，而对于财务部来说，研发部也同样具有它们不具备的资源。

（4）技能资源

除了岗位上具备的专业知识和经验，你还可能掌握了某些优于他人的技能，为你的工作起到锦上添花的作用，比如有的人幻灯片做得非常美观、专业和实用，有的人英语表达能力优异，能跟外籍领导或客户进行无障碍交流，等等。那么这些技能就是某人独特的技能资源。

（5）权限资源

当你是某个部门的领导、某个项目的负责人或者是掌握公司内部某平台、系统、软件或知识库的管理员，那么你就拥有了这个位置上的特有权力或是一定的权限，这就是你掌握的权限资源。典型的例子是科室科长、主任、部门经理、总监、信息技术系统管理员、工程师以及总经理秘书等。

（6）人脉资源

要顺利完成一个任务或推动一个项目，具备专业知识和业务能力固然重要，但还远远不够，你还需要得到其他部门同事的支持和帮助，通过与他人合作一起达成目标，做出贡献。是否能调动他人来进行协助，已经变得越来越重要，甚至起着决定性作用。因此，平时要主动多结识相关人脉，建立和维护好人际关系，这对提高自己的魅力和影响力都非常重要。这些人脉包括你的上司、下属、平级同事、跨部门同事和外部利益相关方，比如供应商、渠道商、行业协会、合作伙伴以及客户等。

5.1.2 如何进行资源整合

整合资源建议分四步走，分别是：

第一步：树立资源整合的意识。
第二步：盘点手头有哪些资源。
第三步：积极争取和获得资源。
第四步：分享或共享资源。

1. 树立整合资源的意识

在工作中如果一个人只是闷头做事，不懂充分利用和整合资源，缺少与他人合作的意识、方法和策略，就会很难开展工作，在需要他人帮助的时候，也无法得到对方的热烈响应。比如同为销售人员，为什么每个人的销售业绩相距悬殊，甚至是有天壤之别？除了个人的销售技巧有高低差距外，是否具备资源整合的意识和利用资源的能力，同样影响着最终的销售表现和成绩。那么销售人员有哪些可利用的资源呢？

（1）宏观信息

国内外的行业或技术发展动态、本行业竞争态势信息、地方生产发展规划、产业研发前景。

（2）外部资源

政府关系、公共关系、媒体宣传资源。

（3）企业品牌

企业本身积累的业内品牌知名度、影响力、整体口碑。

（4）客户资源

行业客户信息、资料、销售情况、产品组合带给客户的价值、可以为客户解决的痛点。

（5）内部支持

企业内部的技术、后勤资源以及能为客户提供什么技术支持、售后服务和产品保障。

准确来说，任何销售人员都拥有如上的宝贵资源，但关键是你能否意识到、能否充分发掘出来并进行有效利用和整合，从而服务好每一个不同的客户，得到客户的信赖。所以没有整合不了的资源，只有不懂、不会整合的销售。要从单打独斗思维转变为整合思维，学会借力打力，调动周边的人、财、事、物为己所用，这样工作起来才会顺风顺水，走向良性循环。

2. 盘点手头有哪些资源

树立了资源整合意识后，你需要综合盘点和梳理一下在公司内部的现有条件下，在时间、资料、知识、经验、技能、权限以及人脉资源方面，自己的现状如何，有哪些可供使用的资源。分析这些资源，是否足以帮助你达成某项工作或项目的既定目标。

如果资源不够或缺乏某项资源，你要思考如何补充或者获取这部分资源，如到底应该向本部门同事、跨部门同事，还是向上级甚至向外部资源积极争取，为我所用？比如，你是新入职的市场分析专员，领导给你布置了一项任务——调研本季度公司主打产品的市场份额以及竞争对手的销售情况。这个任务一发下来，你马上意识到这绝不是一个人就可以完成的，于是立刻盘点了一下手头具备的资源。

— 时间资源：你的工作效率一直较高；领导要求的任务完成时限为一个月。

— 资料资源：上一任同事交接给你的过去有关这方面的报告或文档，手头的一些外部市场调查报告，网上的相关信息和数据。

— 知识、经验、技能资源：掌握战略思维，市场营销知识；有五年的市场研究经验；熟练掌握 Excel、幻灯片技巧。

— 权限资源：有权请财务部配合提供公司产品销售数据。

— 人脉资源：上级领导、销售部某同事、技术部某同事。

但同时，你也意识到自己缺乏这些资源：缺乏关于竞争对手销售方面的一手资料和信息；与财务部、销售部等同事的关系一般，没有深交，要获取相关信息、进行访谈有难度；外部缺乏与渠道分销商（同时销售竞品公司产品）的关系，调研获取信息有难度等。

3. 积极争取和获得资源

盘点完手头资源后，就是获取资源了。想要将领导交代的工作顺利完成，创造佳绩甚至超出领导的预期，你就要开动脑筋，思考如何才能调配和整合资源，最大化公司的利益。

（1）内外部资源

除了充分利用自身具有的资源，你更要能主动去争取额外的资源为该项任务或项目所用。当然这并不是一件轻松简单的事情，你要从内部资源和外部资源两个维度同时入手。

第一，争取内部资源。寻求组织内部的资源，包括本部门、其他部门的资源，以及平级同事、上级领导的资源。如果你平时就已建立好彼此信赖互助的合作关系，那么在求助时如果表现得态度真诚、主动积极、虚心谦逊，你就更容易获得别人的理解和支持。

第二，争取外部资源。基于公司平台已有的外部口碑、优势和网络，以及自己的外部人际关系，收集整合，为己所用。

争取资源并不容易，因为所有资源都是稀缺的、有限的，别人为什么要给你而不是给其他人？他们必须要权衡利害关系。谁都想把资源用于关键时刻、关键环节，选择把资源投放在最能产生效益之处，这是情理之中的事。

如果经过上述争取，仍然无法获得资源，不要去抱怨和责怪别人，你要从自身找原因，认真反思自己争取资源的目的与别人动用资源的期望，二者之间是否一致，以便寻求突破口，从而尽可能使二者达成一致，获取你想要的资源。

拿上面调研产品市场份额的例子说明，因为缺乏关于竞争对手销售方面的一手资料和信息，所以你需要从如下途径获取资源：

—— 从外部第三方机构或者平台搜寻或购买最新的市场研

究报告。

— 如果跟财务部、销售部等同事的关系很一般，那就要提前打通关卡，锁定目标访谈对象，思考如何能促使对方跟你合作。

— 如果缺乏外部人脉关系，可以筛选出目标采访的分销商，以及身边朋友的人脉，尽可能地接触到竞争对手公司等。

（2）争取上司资源

在内部资源这一块，向上司争取资源无疑是非常重要但其实又是很多人所欠缺的能力，我通过一个例子跟你分享应该如何做到这一点。

例如，A 和 B 两个人都向市场总监汇报工作，A 是品牌传播经理，B 是活动策划经理。市场总监今年有额外的 30 万预算待分配。A 和 B 都想得到这笔预算，于是就分别去争取。

A 说："这笔预算，咱们可以用于公司品牌形象的推广，我建议在各大机场投放广告。"

市场总监问 A："那么你能说一下，如何能知道这笔钱到底对提升品牌知名度起了多大作用？品牌知名度提升了多少？"

A 听后无语。

B 则说："这笔预算我建议针对大客户做点对点的新产品技术研讨会。这样不仅强化了彼此的关系，合作的力度也可以更大一些，客户对我们的满意度以及对新产品的信任感也会加强。您知道新产品的利润空间还是不错的，相信有了大客户的订单，今年咱们的销售额和利润都会更好一些。"说完，B 还把建议的大客户名单、采购金额比例、研讨会推广计划、预测销售数据等进行了汇报。

最终，市场总监将预算划拨给了 B。

通过这个例子，我们看出 A 只是在花钱，对投入产出比并没有做测算和考量，而 B 则不同，他其实是在告诉老板，这笔预算一点都不白花，能产生什么潜在收益，所有这些领导关心的要点他都分析得头头是道。作为老板，当然会支持 B。因此，虽然跟上司争取资源并不容易，但如果在申请前，你能将如下两个问题想明白，申请资源将变得容易多了。

首先，什么理由可以打动上司？你要想清楚自己为什么需要此项资源，你打算如何使用它，在哪里使用，使用这些资源能为公司创造什么价值或收益，这是上司最为关心的。如果你只是告诉上司你打算如何消耗甚至浪费资源，却对效益一概不知，那么上司完全不会被打动或说服，比如上面的例子中的 A。

其次，有落地的资源利用计划吗？在上司面前要基于客观事实做出承诺，既不能唯唯诺诺，缺乏自信，也不能不切实际地夸下海口。你要把具体的可行计划向上司汇报，让他看到在如何充分利用资源这一点上，你不仅有明确的目标，还有落地且可行的思路、方式和计划。

4. 分享或共享资源

当你获得了别人的支持，整合了所获得的资源后，就来到了第四步。不要把别人的帮助当作理所应当，或是只考虑自己，要学会换位思考，与提供资源给你的人分享、共享你自己的或者整合后的资源，这样别人会认为你很有格局，从而达成共赢局面，多方联合起来，资源利用效率才会最大。

比如上文的例子，当你最终完成了市场调研报告，除去敏感信息，你可以主动将它分享给曾经帮助过你的人，让他们也能有所受益和收获。另外，值得提醒的是，当你知道了从哪里能寻求和利用资源，最好也能了解对方获得资源的渠道和方式有哪些，他们采用的方法和策略是怎么样的，并思考如何通过资源的整合达到你自己利益的最大化，这样才会达到优化资源配置的目的。

以上就是整合资源的四个步骤。资源的积累并非一蹴而就，正所谓"书到用时方恨少"，如果你平时就能一点一滴地去留意并积累、收集和培养资源，那么一旦需要用到的时候，才能做到厚积薄发，立刻派上用场，得到他人的协助。

尤其是人脉关系资源，更需要花时间去建立和维护。只有平时就做好了各项资源储备，那么当你去求助的时候，别人才不会感觉非常突兀和意外；但如果你和别人平时从来不联络，只要一联系就是要借用别人的资源，这种事情发生在谁的身上都会反感、不舒服，会找理由拖延或者拒绝你。

对于管理层来说，如果你能充分梳理、协调和调用公司的人力、财务、物资等各种资源并进行全面整合，那么你就形成了强大的组织力和凝聚力，可以创造性地解决更多商业问题。

有位犹太经济学家曾说过这样一句话，道出了资源整合的精髓："一切都是可以靠借的，可以借资金、借人才、借技术、借智慧。这个世界已经准备好了一切你所需要的资源，你所要做的仅仅是把它们收集起来，运用智慧把它们有机地组合起来。"

5.2
↑
经营人脉圈，为事业发展铺垫基石

社交关系是一个人非常重要的资源，拥有不同领域的有价值人脉，不仅能让你的生活更加便利和高效，更能帮你在职场和事业发展上发现无限的机会，实现职场的不断进阶。

关于职场人脉，一方面你要维护好目前所在组织内的人脉关系，这有利于你在内部获得良好口碑，为自己的晋升铺平道路；另一方面要重视公司或者单位外部的人际关系的建立。

为什么这么说呢？因为当你打算跳槽的时候，你可能会发现除了一些对人才需求量大的行业职位或者初级职位，撒网式的在网站上投递简历的效率越来越低，选项质量也不高，你很少会收到用人单位通知面试的电话。但很多时候，你还是不能放弃这种投递方式，这实属无奈之选，因为你实在想不出来除此之外还有什么更好的方式。那么，寻找新的工作机会，到底还有没有更好的投递策略？

当然有，那就是依靠人脉来创造工作机会。那么该如何建立职场人脉呢？这一节我将与你分享三类职场人脉：

— 猎头公司顾问人脉。
— 熟人内部推荐人脉。
— 陌生人内部推荐人脉。

5.2.1 猎头公司顾问人脉

猎头公司经过用人单位的委托，在市场上寻找符合要求的候选人，并推荐给用人单位，一旦推荐成功，且候选人顺利通过试用期，猎头公司就可以从用单位那里按照约定收取一定比例的佣金服务费。而猎头顾问就是猎头公司的代表，连接着用人单位和候选人两端。

无论你是想主动通过猎头顾问接触新的工作机会，还是偶尔被动接到猎头顾问的电话，询问你对某个机会的意向，每个想要得到好工作的人，都必须学会认识猎头，跟猎头建立合作关系，这是个不争的事实。

用人单位针对毕业5年后或30岁以上群体的招聘，尤其在寻访中高阶人才的时候，通常会将其外包给猎头公司来帮助寻找。而针对应届毕业生或初级岗位，因为招聘难度不大，对应聘者工作经验的要求不高，所以一般很少委托给猎头公司。

还有一个原因，若将空缺岗位外包给猎头公司，一旦推荐成功，还需要向猎头公司支付佣金，用人单位觉得将这些初级岗位委托猎头公司，经济上并不划算，所以不大倾向于委托给猎头公司。

这样就导致猎头顾问对初入职场的新人关注度不高。再加上猎头顾问的收入构成中有很大的比例是提成，也就是根据成功推荐的岗位薪水，按比例提成作为奖金，而初级岗位也意味着薪水不高，所以跟中高级岗位比，其对猎头顾问的吸引力也大为下降。但这并不意味新人就可以无视猎头的存在，觉得自己距离被猎头注意到还很遥远，因为新人迟早会度过磨合期，可能 2 年、5 年、8 年……然后步入 30 岁阵营。如果不提早规划和积累猎头人脉资源，未雨绸缪，等到用的时候再"临时抱佛脚"，就会发现处境非常被动，无奈地错过了好机会。

目前，猎头顾问的专业化分工也越来越细，通常有以下划分。

— 根据行业划分：负责互联网行业、传统制造业等，细分则还有大数据、人工智能、快速消费品、汽车制造行业等。

— 根据岗位划分：财务、人力资源、法务、销售、研发等。

— 根据职级划分：比如针对财务这个岗位，有财务专员、财务经理、财务总监、首席财务官等。

— 根据年薪范围划分：比如负责年薪 20 万元、50 万元、100 万元以上的岗位等。

有一个普遍的误区，有些人认为是不是当自己想要跳槽换工作的时候，才有必要去接触猎头顾问呢？其实，不管你是本来就有计划在近期内进行跳槽，还是留在现有岗位继续锻炼，暂时不想动，都要与猎头保持一定的联系，让他们了解你取得的新成就和新成绩，并且注意到你一直保持着学习和进步的状态，始终对自己有清晰的职业规划。

这样，一旦他们手头有很适合的工作机会时，第一时间就会想起你，把这个招聘岗位的信息分享给你。你跟那些平时与猎头根本不联系的候选人相比，无疑已经占据了先机。

谈到与猎头顾问产生联系，起初你可能不知从何入手，我建议你从招聘网站或职场社交网站开始查找，比如猎聘网、智联招聘、前程无忧、拉勾网等。进入猎头招聘专区，主动关注或添加猎头顾问，最好能获取对方的微信或电话号码，方便未来做进一步交流。即便你没有立刻换工作的打算，与猎头聊一聊也能帮你获得人才市场上的身价信息。另外，猎头顾问也会在这些网站上去搜寻一些匹配的候选人，所以你要定期将自己在该网站上留存的简历进行更新，这样就增大了猎头搜寻到你的简历的概率。

关注招聘网站或职场社交网站，也能帮助你从侧面了解到行业发展情况，以及市场对于人才要求的变化和趋势，从而便于你有目的地在某些方面进行自我提升。那些发展迅速的行业或公司，必然有大量职位需要持续招聘，例如互联网、新能源等；而那些发展缓慢的行业或公司，招聘需求就没那么大，岗位也在萎缩，例如传统制造业等。

　　大多数猎头顾问的目的性都很强，他们希望尽快找到合适的人选推荐给招聘企业。所以当他们通过网站私信或微信联系你的时候，你要注意鉴别机会的优劣。建议与猎头顾问进行电话或面对面沟通，一方面可以了解职位的具体要求和相关信息，另一方面就是可以了解该猎头顾问的专业水平，比如他对于招聘岗位的分析是否专业全面，对于该行业发展趋势的判断是否具有前瞻性，当然也需要对他的职业水准进行判断。

　　经过沟通后，如果这个猎头顾问专业可靠，推荐的岗位也具有吸引力，那你就可以投入更多精力去争取这个理想的工作机会；即使没成功，你也通过深入的交流与猎头顾问建立了关系，日后可以继续保持合作，让他们了解你的情况，你也能从他们那里获得关于行业、岗位和薪资的市场信息，这样一来，稳定的猎头渠道就真正建立起来了。当然你也可以通过熟人介绍、参加活动等方式结交猎头顾问，多多益善。

　　我建议你建立一个属于自己的人脉库，将联系过的那些猎头顾问的信息记录下来，并定期跟他们进行互动，这样当你开始着手看外面的工作机会时，就可以直接跟他们打个招呼，顺理成章地提出你的求职需求。

5.2.2　熟人内部推荐人脉

　　除了委托给猎头公司帮助寻访需要的人才，另一个备受用人单位青睐的招聘方式就是"内部推荐"。

　　内部推荐简称内推，具有招聘成本低、周期短、匹配成功率高的特点，已经渐渐成为很多公司在开放一个空缺职位时的首选招聘方式。当公司某个岗位需要招聘人才的时候，人事部门会在公司内部发布消息公布，员工看到后可以向人事部门推荐自己认为适合的人才。

公司之所以优选内推这种方式，是建立在对内部员工的信任基础之上，在他们看来，内部员工比外部人员更了解本公司的文化、业务属性和用人偏好，所以他们推荐的人才势必经过了自己的权衡和判断，会更加合适和靠谱。

从另一个角度来说，如果你拥有丰富的人脉关系，那么他们都可以成为将你进行内推的帮手，把你推荐给他们所在的公司或部门。尤其那些在大公司、大平台以及其他优质单位供职的人脉，对你未来通过内推进入人事部门的视野将起到非常重要的作用。

所以，当你有了换工作的求职意向后，就可以把消息散播给相关的朋友，以及朋友的朋友，通过大家的触角和关系网，对你进行内部推荐。

跟那些还在进行简历海投的茫茫大军相比，你已经悄无声息地绕过了他们，你的简历会被目标精准地直接送到人事负责人或者业务部门经理面前。先不论你能否最终成功拿到录用通知，仅是通过内推让用人单位认真看完了你的简历，你能脱颖而出的概率就已经很高了，说不定很快就能等到下一步的电话面试或现场面试。

从招聘方、推荐方和应聘方三方来看，内推可谓是多赢的局面。

- 招聘方：对于用人单位来说，可以节省了一笔付给猎头公司的佣金，且招聘周期短，成功率高。
- 推荐方：一旦你推荐的候选人成功入职，公司会奖励给你一笔奖金，同时你也成功地帮助朋友找到新工作，一举两得。
- 应聘方：对于找工作的人来说，这种方式的简历转化率高，能够被用人单位和部门负责人直接看到的机会很大，因此后续能进入面试环节，并最终拿到录用通知的可能性也非常大。

显而易见，内推的作用毋庸置疑，那么该如何建立内推人脉呢？三类人脉要引起注意。

（1）业内人士

包括同行公司、上下游企业，比如供应商、客户等。当你有各种机会与同行交流，与竞争对手切磋，与上下游企业以及客户合作时，不管是良性合作还是互相竞争，这都是企业之间的事情，其实就你们单个的个体之间，并无私人恩怨可言。所以，在恪守职业道德的前提下，你能以谦虚的心态向他人请教学习，给到他人力所能及的支持，就会获得更多的人脉渠道。这并不是一种具有功利心的交往途径，而是非常自然的方式。

我有个在销售岗位的前同事，他的客户是食品饮料制造机械的厂商，在跟他们进行业务合作的过程中，他总是站在客户的角度考虑，遇到问题会一起想办法帮助他们解决。后来，在他准备换工作的时候，这些客户就立刻向他发出了加入邀请，没想到他很快就收到了好几份录用通知可以选择。

世界很大，圈子很小。我们常说的攒人品，攒的就是工作口碑、职业道德、人际关系，你攒出来的人品在换工作的时候最容易看出来了。

（2）各类同学

包括你过往各阶段的同窗校友，也包括在曾参加过的培训班、非学历教育中认识的各类同学，他们会成为你另一种重要的人脉资源。通过这种同学关系，你或许能链接上之前不大可能链接上的人。

尤其是那些攻读工商管理硕士、高级管理人员工商管理硕士学位的人，他们之所以愿意花几十万元的学费，除了能接触到优秀的教授，进行理论学习和提升外，更为重要的是看中了这个同学和校友圈，能结交到来自各领域的精英人士，不管未来自己是想要换工作寻求发展，还是合作项目以及寻求商业机会，都会获得普通人难以企及的优质资源。

（3）同事及前同事

维护好跟同事之间的关系，不仅能给自己营造良好的工作氛围，也能在公司内部岗位出现空缺的时候，请这些合作过的同事帮自己进行引荐。另外，当你们彼此变成前同事的时候，也可以进行内部推荐，成为彼此新的人脉渠道。尤其是你的上司跳槽一般都会去比较高阶的岗位，如果你们平时的关系相处不错，那么他顺手推荐给你一个新机会，都是很容易的事情。

这里跟你分享一个小技巧。对那些你认为比较重要的同事，你可以记录下他们的生日，在生日当天，发一条精心编辑的祝福微信，或者发一个红包以表达祝贺。其实这没有多大的成本，因为你能记得他的生日就已经是最大的成本了。未来工作上如果你需要对方帮忙或者给予支持，他们会很自然地乐意施出援手，那个时候你也不用有太大的心理负担，因为你们彼此之间一直都有保持联系。

对于那些很有交往价值的同事，当他们跳槽离开公司的时候，你要主动去询问对方新的联络方式，后期也要定期维护和跟进这层关系，把他们变成你未来在事业上可以进行拓展的人脉。

有些人没有人脉意识，在辞职的时候，跟同事或者领导不欢而散，关系处理得十分糟糕，这点非常要不得。因为行业内的圈子比较小，若是彼此撕破脸，或者你在离职前表现得过于嚣张，很难保证这些不会传到新东家的耳朵里。反过来，如果你能跟前同事始终保持着良好关系，那么猎头公司在对你进行背景调查的时候，他们一定会帮你多多美言。

5.2.3　陌生人内部推荐人脉

除了上述的熟人内推，通过陌生人进行内推也是非常重要的推荐方式。看到这里，你可能会非常奇怪，为什么需要陌生人？有哪些陌生人？什么时候用陌生人？陌生人怎么会帮你内推？

这种情况通常用于你想要加入某家目标公司，但是盘点了自己周边的人脉资源，没有人能帮你进行内部推荐，只能通过与目标公司的内部陌生人建交并进行内推，尤其是当你打算进行跨度比较大的转行或者转岗的跳槽计划时，就更加需要通过人脉内推的方式。所以，平时你就要建立强烈的搭建人脉的意识，未雨绸缪，所谓"积累在平常"，就是这个道理。

陌生人建交可以通过社群和社交网站两种方式。当你加入线上还是线下的某个优质社群或者圈层中，要学会判别哪些人可能未来会对你有所助益，然后主动将其加为好友。

当你心目中有了目标公司后，可以通过职场社交网站，搜索该目标公司在职人士，并与这样的陌生人建立人脉。接下来，在跟他们后续的互动中提升彼此的信任度。信任感建立以后，当你咨询他们关于目标岗位需要具备什么要求，甚至请他们帮助进行目标岗位的内推时，对方会比较容易接受。

在实际操作中有一个非常现实、甚至有点困难的问题，那就是当你申请成为陌生人的好友时，他为什么要通过你呢？这个问题相当重要，是你在跟陌生人建交前，自己首先就要想清楚并回答出来的。只要你能提前把对方的疑虑、困惑，以及他想要什么都认真准备好，就可以开启跟陌生人的建交对话了。

举个例子。如果你想进入某500强公司或某行业头部公司、某个互联网大企业，你该如何从零开始拓展人脉呢？你可以参考以下步骤。

第一步，精准列出目标对象。 清晰地列出你想加入的目标公司和目标岗位，这样你才知道你要联系的人是谁。比如你想加入的是微软中国？腾讯？还是比亚迪？你就可以通过职场社交网站搜索并锁定该公司对应的招聘负责人，或者目标岗位所在部门的负责人。

第二步，准备申请社交话术。选好目标公司的招聘负责人后，你还需要提前准备好两套话术模板：第一个模板用于申请添加对方为好友时使用，告诉对方你加他的目的，起到承接作用；第二个模板用于对方通过你的添加好友的申请后，你将发出的第一句或第二句话，是为了做进一步的沟通。

比如在招聘网站上，你通过搜索关键词，找到目前或者曾经在这家公司供职的员工，数量可能很大，然后你在这些列表中，继续仔细梳理出跟你要申请的目标岗位关联度最强的人，主动关注并添加其为好友。你在申请添加的时候，需要说一下添加对方为好友的理由。如果你什么都不写或者措辞不得体，对方很有可能不予以通过。此时你要用第一个话术模板，告诉对方你为什么要添加他。一旦对方通过了，你就可以用第二个话术模板发一到两条消息跟对方进行互动。

在准备申请加好友话术的时候，请务必站在对方的角度考虑问题，不能给人造成一种你在向他索取什么的印象。因为你们两个人并不认识，他好意通过你以后，还要义务地回答你一大串问题，一般人都会比较抗拒和退缩，那么你不被通过的概率会非常高。

第三步，请对方帮你内推。当你跟目标联系人交流了两三次以后，有了基本的了解和信任，就可以请对方帮忙进行内推。在此过程中，你要充分展示自己的优势，比如你在某行业、领域工作了多少年，掌握了什么技能，拥有什么优势，为什么你非常适合该目标岗位，同时表达你对对方的欣赏和感激。

陌生人建交没有你想象的那么困难，关键是要思路清晰，用对方法，将上面的因素都考虑到，并在实践中大胆尝试，可能性会大为提高。

不管是熟人还是陌生人的内部推荐，关键点在于平时要注意建立和发展自己的社交网络，尤其是那些未来对自己求职跳槽会有帮助的人脉，一定要勤于加强维护，更要定期和重要的人进行交流或汇报自己在职场上的进步和发展规划，留下积极乐观、不断上进的好印象，这样到了关键时刻，他们才会不遗余力地推荐你。

即便内推暂时不成功也没关系，你可以向内推人脉请教自己目前的差距在哪里。是硬技能还是软技能方面存在不足？他对你有哪些方面的改进建议？从而你可以有针对性地进行提高。跟这些人继续保持联系，假以时日还能再次帮你进行内推。

总结一下，当你下一次打算跳槽换工作的时候，先不要急着去招聘网站上广撒简历，你要先思考自己未来的职业规划，选好目标公司或单位，并有针对性地更新和包装简历，通过职场人脉帮你近距离接触到招聘负责人，不管是通过猎头顾问还是内推人脉。

其实，不管什么人脉都是一种渠道，一种帮助自己实现价值的渠道，而能够获得别人认可，愿意推荐你的前提是，你真的有实力、有价值。

5.3
↑
理财投资能力，让自己学会管理资产

当你学会了整合职场资源，拓展和识别有价值的事业发展人脉资源后，千万不要忘记还有一项资源也是非常重要的，那就是你的资产，包括通过合法手段和途径获得的各类收入以及财产。

管理好资产非常重要的一个手段就是进行投资理财，它不仅能让你对资产进行合理分配，让资产持续增值，使财富不断累积，提高生活质量，同时还能帮助你抵御通货膨胀和意外事故，在风险到来的时候将损失降至最低。最后，它还能保证你的晚年生活独立富足。

这一节我将针对如何提高理财投资能力，分享如下内容：

— 关于复利。
— 理财途径。
— 资产组合。
— 注意事项。

5.3.1　关于复利

什么是复利呢？复利是指一笔资金产生利息，在下一个计息周期内把上一次的本金和利息一起作为下一个投资周期的本金，简单来说就是利滚利。复利在短时间内似乎看不出对我们有什么影响，但是长期来说，复利对投资结果起了很大作用。

说到复利，就不得不提到单利。单利是指一笔资金无论存期多长，只有本金计取利息，而这种计息方法，最典型的例子就是银行定期存款。

举个例子。如果你存入银行 10000 元本金，假设单利也就是定期存款利率不变，为每年 2.75%，那么一年后你的利息收益为 $10000 \times 2.75\% = 275$ 元，本金变为 10000+275 元 =10275 元。同理，第二年仍以 10000 元为本金，利息收益还是 275 元，此时你的本金为 10275+275=10550 元。第三年本金仍然是 10000 元，利息收益 275 元，本金变为 10500+275=10825 元。

但是复利则不同，你用 10000 元本金进行理财投资，假设每年的年化收益率不变，都是 10%[1]，那么第一年年末，这 10000 元可以帮你赚 10000*10% =1000 元，于是你的本金变为 10000+1000=11000 元。第二年，你拿手里的 11000 元继续投资，你可以赚 11000*10% =1100 元，你的本金变为 11000+1210 =12100 元。第三年，你拿手里的 12100 元积蓄投资，你可以赚 12100*10% =1210 元，你的本金变为 12100+1210 =13310 元。

你看出单利和复利的区别了吗？同样是 10000 元，如果进行银行定期存款，3 年后你的本金变为 10825 元，而如果进行理财投资，则变为 13310 元，相差 2485 元。如果你觉得这样的

---

[1] 此处的收益率（10%）仅作数据演示之用。——作者注

结果还不算惊人，那么要是经过 10 年、20 年、30 年甚至 100 年后，让复利的雪球继续滚下去，看看最初 10000 元本金，二者的收益和本金最终会变成多少钱。

当然这样计算要有假设条件：假设银行定期存款利率 2.75% 不变，理财投资的年化收益率 10% 不变，那么数十年之后最后会变成多少钱？见表 5-1，50 年后，复利投资后本金可以达到 117 万，银行总存款却为 2.37 万，二者相差 50 倍；100 年后，复利收入则变成令人惊讶的 1.37 亿，而银行总存款仅为 3.75 万，相差 4566 倍。

表 5-1　复利投资示例

单位：元

时间 / 年	理财投资复利（年化收益率 10%）		银行定期存款（年利率 2.75%）	
	每年收益	本金总额	每年收益	本金总额
1	1000	11000	275	10275
2	1100	12100	275	10550
3	1210	13310	275	10825
4	1331	14641	275	11100
5	1464	16105	275	11375
10	2357	25937	275	12750
20	6116	67274	275	15500
30	15863	174494	275	18250
40	41144	452592	275	21000
50	106719	1173908	275	23750
……	……	……	……	
100	12527829	137806123	275	37500

你是否发现了复利的神奇之处？那就是时间的魔力。时间会让你享受到复利带来的巨大财富，当然这是在做了一个每年10%的年化收益率不变，还没有额外支出的假设条件下得出的结论，但这不妨碍你理解理财投资以及时间复利的神奇之处。相比之下，在银行进行定期储蓄对于资产增值来讲实在是微不足道，完全无法抵消通货膨胀带来的贬值影响。

试想一下，如果你当初的本金不是1万元，而是5万元、10万元、50万元呢？如果你的年化收益率不是10%呢？因此，能影响你的理财投资收入的复利三要素是：时间、本金和收益率。如果你能坚持长期理财，在相当长的几十年里，保证投资不中断，不断增加本金，或者保持不错的收益率，那么你就能享受复利带来的收益，你将获得远超预期的收益。

5.3.2　理财途径

想要提升自己的财商思维，学习理财知识，现在市面上有很多专业书籍和课程，你可以选择适合自己的开始学起。这里我给理财新手的读者介绍一些非常基本的知识，以及我自己的亲身实践，希望能带你入门。

新手起步的时候，投资心理是相当复杂又纠结的，比如想赚钱，想积累经验，但又不想承担一丁点风险，不想亏本；投资的时候，还经常担心和疑虑自己无法赚到钱；犹豫投资的门槛会不会太高，超出自己的经济承受能力，等等。

这些心情我非常理解，因为我也是从理财新手开始的，所以我总结了几个理财方式，特别适用于零基础的新手进行入门级的理财。其特点是门槛低、技术含量低、无风险或低风险，还能增长经验。当然，这些方式也适用于当你资金变多了以后的理财操作。

1. 国债

— 优点：门槛低，100 元起；无风险，稳赚不赔。
— 缺点：利息稍低，三年期的利率为 3.5%[①]；紧俏时需要抢。

推荐理由：不要瞧不起国债的利息，5%的国债我也曾经买到过。但现在国债利息基本跟着经济的变化而变动，国债利息降低，其他固定收益类产品的利息也会跟着降。

国债通常有三年期和五年期，看上去时间有点长，但这也是它的优点之一。相当于让你强制存钱，将它作为你的小家的"护城河"最稳妥不过。

2. 国债逆回购

— 优点：无风险，稳赚不赔；门槛低，1000 元起；利率每天都在波动。
— 缺点：年利率一般为 3.5%，如果想要高收益，需要进行盯盘，资金量少的划不来。

---

① 此处的利率（3.5%）仅作数据演示之用。——作者注

它的利率比货币基金高一点，比如多 1 个点的话，你投资 1 万元钱，一年的利息就是 100 元；投资 10 万元，利息就是 1000 元，属于薅羊毛级别。但如果赶上月末、季度末、节假日前，利率可能高一些，我曾看到过 4% 的利率。这个投资方式的资金灵活，投资一两天都可以，适用于手中短暂有闲置资金的情况。到期后你可以去投资股票或基金，两不耽误。

3. 货币基金

— 优点：利率比活期存款高，随用随取，灵活方便，低风险或者基本无风险。

— 缺点：利息也越来越低，现在不到 2%[①]。

货币基金是基金理财产品中安全性最高的一种，一般不需要担心亏损。通过购买货币基金，可以培养自己对基金理财的认知，为以后投资其他收益更高的基金做准备。

现在大家用得比较多的货币基金就是支付宝的余额宝或者微信的零钱通，使用非常方便，当你支付的时候，它可以直接从余额宝或者零钱通里扣除，剩余的钱则会继续留在余额宝或零钱通里，享受货币基金的利息。

4. 可转债打新

— 优点：风险较低，中 1 手只需要 1000 元。当然，账户

———————

[①] 此处的利率（2%）仅供参考。——作者注

里多预留一些更好，运气好的话，说不定可以中 2 手，或者同时中签不同的新债。

— 缺点：基本靠运气，可能在一个月中好几次，也可能几个月都不中一次。行情好时不容易中，行情差时容易中或必中，但上市容易破发。

可转债打新实际就是以 100 元的成本去申购即将发行上市的可转债。作为新手，在整个大盘行情好时可以申购薅羊毛，但中签率会较低；行情不好时就停止。可转债打新因为又能治"手痒"又能薅点羊毛，所以是新手的不二之选。

5. 基金

基金是指由投资者出钱、委托专业机构（基金管理公司）帮你管理资金和进行投资的一种投资工具，它是一种间接的证券投资方式。当然，这并不是说你把钱直接交到基金公司，它就会自动帮你理财。

基金公司根据不同的投资标的，比如股票、债券或是其他金融投资，将其进行组合，制订一份投资计划，并包装成一个或多个套餐。市面上各类基金公司推出了各种各样的套餐，也就是不同的基金产品，可以供你选择。

打个比方，你想旅游但不知道去哪里玩，于是打电话向旅行社询问，旅行社就把旅行套餐发给你，A 套餐是西北五天四日游，B 套餐是云南四天三日游等，你选择一个自己感兴趣的套餐就好了。

根据股票与债券所持的比例不同，基金可分为：股票型基金、混合型基金、债券型基金。

股票型基金是指基金持仓中投资股票的占比大于80%的基金，属于高风险、高波动的投资品种。指数基金就属于股票型基金。

债券基金是指基金持仓中投资债券的占比大于80%的基金，投资对象主要是国债、金融债和企业债等。相较于股票基金，债券基金具有收益稳定、风险较低的特点。

平衡型基金是指基金持仓中投资股票市场和债券市场的投资比例一般各占50%的基金，这样既能获得股市的较高收益，也能拿到债券市场的稳定收益。

以上三类基金的年化预期收益率按高低排序为：股票型基金＞平衡型基金＞债券型基金。相应的，风险大小排序为：股票型基金＞平衡型基金＞债券型基金。

6. 股票

与以上投资方式相比较，股票有着投资风险高、收益高的特点，适合有一些经验的理财老手。而理财新手缺乏投资专业能力和经验，心理抗压能力也比较脆弱，看着股票每天的波动起伏，心情有如坐过山车，容易情绪化，影响正常的工作和生活，所以新手并不适合投资股票。

当然，你如果想入行，可以拿出少量闲钱来进行实操，找一个老手朋友带你，从而积累实战经验，掌握投资的基本理念、知识和方法。比如选择一只公司发展方向光明，有前途，业绩持续向好的"白马股",握在手里长期持有,就是一个不错的选项。

5.3.3 资产组合

1. 1234 模型

了解到复利的神奇之处后,我特别想提醒的一点的是,任何投资都是有风险的。投资者要想获得超额回报,必须具备一定的风险承受能力。而衡量投资者风险能力的强弱,可以根据每个人对承担风险的偏好以及意愿不同,将投资者分为风险偏好型、风险偏中型和风险厌恶型三类。

当你要开始进行理财投资之前,可以做一个风险能力的测试,初步判断自己属于哪一种类型,这样才能选出适合自己的资产配置。资产配置是指投资者根据投资目标和风险偏好,把投资分配在不同类别的资产上,配置最为合适的投资组合,比如股票、债券、基金、房地产投资、保险产品以及现金等。其主要目标是在获得期望收益之余,把风险降至最低。

那么,各种资产到底按什么样的比例配置会比较合理呢?这就要为你介绍标准普尔家庭资产配置,也就是著名的"1234模型"——把家庭资产看成是一个整体,以如下这样一个比例将投资资金分配到基金、股票、存款、现金等。具体如下。

(1)10%的钱是要花的钱,主要用于未来 3~6 个月的日常开支,存放在活期账户。

（2）20%的钱是保命的钱，主要用于家庭保障，购买一些保险产品，并专款专用，如车险、医疗险、重疾险、意外险等。

（3）30%的钱是生钱的钱，用于购买房产、股票、基金等，追求高回报，用于创造收益。

（4）40%的钱是保本升值的钱，用于养老、孩子教育等方面，这部分不能损失本金，可以投资到低风险的定期存款、债券等固定收益理财产品。

这个模型是站在分散化投资的角度，对家庭资产进行配置以及投资组合的比例。根据投资者个人的风险偏好、风险承受能力，以及家庭的投资需求不同，可以进行相应的调整。

如果风险承受能力强，可以将投资比例偏向于高风险和高收益并存的股票、基金、期货、外币等；如果风险承受能力较弱，可以将投资比例偏向于低风险的储蓄、货币基金及固定收益类等的投资工具，虽然收益低，但安全性很高。

比如我会将资产分为四个部分，跟上述标准普尔家庭资产配置相比，比例有所差异。

— 要花的钱：10%。用于未来6个月的日常支出，一般会买货币基金，虽然收益很低（基本在1.5%~3%的收益率），但是流动性很好，比如支付宝的余额宝或者微信零钱通。

— 保命的钱：15%。基本是配置车险、医疗险、意外险和重疾险这几类。保险是利用杠杆去防范家庭的极端风险，不能过度支出，买保险的时候一定要多方对比，慎重决定。

— 生钱的钱：50%。这个比例需要看个人的理财意识和
理财的风险承受能力，如果不掌握理财基本知识，就
不建议盲目去配置。而如果有一定投资理财知识基础
的，就可以搭配上面介绍过的投资方式，如国债、国
债逆回购、货币基金、可转债打新、基金以及股票等。

— 保本升值的钱：25%。我会购买一些国债和债券基金，
用于对抗通货膨胀，这部分会有小幅收益。

如果你现在比较年轻，家庭成员都有稳定的收入，抗风险
能力比较强，同时也有时间和精力去学习探索理财知识和方法，
那么较高风险的资产的投资比例就可以高一些；而如果你已经
上有老、下有小且收入不高，那么就建议你少尝试高风险投资，
而以稳健型理财为主，主要为了保值增值。

2. 关于基金定投

华尔街流传着这样一句话："要在市场中准确地踩点入市，
比在空中接住一把飞刀更难。"这说明证券市场有风险，你不可
能总能在低点买入、高点卖出。但分散投资风险，也就是采取
分批买入的方法进行投资，却可以克服只选择一个时点进行买
进和卖出的缺陷，从而摊薄和均衡投资成本，降低投资风险，
这就是基金的定期定额投资法，简称基金定投。

基金定投有"懒人理财"之称，具有类似长期储蓄的特点，
能积少成多。你可以逢低加码，逢高减码，无论市场价格如何

变化，你总能获得一个比较低的平均成本，从而消除市场的波动性。只要选择的基金整体有增长，投资人就会获得一个相对平均的收益，不必再为入市的择时问题而苦恼。

定投的优点在于固定投资、积少成多、长期受益。不管你是年轻的月光一族，还是上有老、下有小的中年人，如果想要分散投资风险，又有投资意愿，都可以选择基金定投的投资方式。

基金定投法省时省力，可以帮助投资者淡化择时风险，平滑成本；通过复利效应的叠加，获得倍增的收益，从而实现很多人"躺赢"的愿望。定投还可以满足大家跨越时期的理财需求，坚持做时间的朋友，时间也会给予你丰厚的回报。

5.3.4　注意事项

1. 避坑指南

关于提升自己的理财投资能力，我还要提醒如下几方面，希望引起你的重视。

避坑指南一：不要买新基金。新基金的筹集和建仓都需要花一段时间，有三个月的封闭期。而一般来说，新基金的套餐组合中，其选择的股票或债券，大概率是参考老基金的清单。所以，你投资一笔钱还要花上一段时间等新基金建仓，不如直接去投资老基金。

避坑指南二：不要买网红基金。曾经有某个基金经理上了微博热搜，他管理的基金也因此成为网红基金，结果这支基金后来就一路下跌，一直都没涨回去。所以，当大部分人都在推崇和向往某一支基金的时候，就说明此时它的价格肯定虚高了，而你在这个时候选择入场，很有可能成为接盘侠。

避坑指南三：切勿追涨杀跌。很多人没有学习理财知识，投资心态也没有调整好，就仓促去购买基金。一旦所购买的基金涨了，就觉得自己厉害无比，拼命加仓；而一旦所购买的基金跌了，特别是本金亏损的时候，心理就承受不了，心想不能再亏了，于是忍不住止损卖出，造成损失。这就是追涨杀跌。

避坑指南四：不要借钱投资。在投资当中最忌讳的就是使用杠杆投资，因为钱一旦到了市场，不是随时可以拿回来的。如果急需要用钱而市场又刚好处在熊市的时候，你撤回资金，别说是享受投资的收益，可能连本金都损失了。所以，最好的投资方式就是用你的闲钱来投资，不影响自己正常的生活品质，就当这笔钱不存在。那么等若干年后，你再去查看这笔资金及其收益，它会给你一个大大的惊喜。

2. 场外赚钱，场内投资

提到投资理财，有些人就眉头一皱，说我现在收入这么少，是不是没资格理财，或者说先不用理财了？如果你的投资本金少，就算有再高投资回报率的理财方式，说实话，其收益的确有限，但这并不是你不能进行投资理财的理由。

掌握理财的知识和经验，对于任何想要进行投资理财的人来说都相当重要。在钱少时进行投资，即使遇到亏损，你也亏不到哪去，但却可以积累投资经验；但如果等你工作赚了钱，有了几十万元、几百万元的存款再开始进行投资理财和学习相关知识，而此时如果投资不当发生了亏损，那损失就太大了。所以，在钱少的时候，小额实践理财投资行为并学习理财知识，这也是为钱多以后的投资进行经验的积累和总结。随着投资经验的丰富，以后你在操作大资金时，亏损的概率也会相对减少。

如果你是月光族，就算想用小额投资开始实践也没有本金，因为每月的工资都花了，根本攒不下钱，该怎么办？这种情况下，我建议你一定要养成强制储蓄的习惯。不要因为月末留下的钱太少，或者因为心动而买了一些不必要的东西，就轻易打破自己制定的储蓄投资规划。要知道聚沙成塔，积少成多。如果你能一个月存 3000 元，一年就可以存下 36000 元，也是一笔不小的投资本金了，同时如果你不断学习和提高理财投资知识，不断复盘和总结自己的投资实践，那么我相信在复利的神奇魔力下，假以时日，你也会获得不小的回报。

投资是让钱能为我们工作，实现复利的作用。不过，巧妇难为无米之炊，对年轻人和低收入、低资产人群来说，提升劳动收入比提升理财收入重要得多。我更倡导在你还没有一定的存款以前，应该先把精力放在赚钱上，在职场上提高和打磨自己的核心竞争力，让自己变得更有价值、更值钱，这样才会有更多的选择和更好的工作机会，才更有可能获得高薪工作。

不断获得职场进阶，让薪资增加，你能掌控的投资本金才会越来越多。然后将其用于投资，获取投资的复利收入，这才是一个良性而健康的循环。

第 6 章

平衡力——重塑平衡

6.1
↑
生活和工作平衡是伪命题吗

虽然明明知道"鱼和熊掌不可兼得"的道理，但你会发现在生活和工作中，自己经常会处于某种纠结中。比如工作和生活该如何平衡？到底应该选择工资高但不喜欢的工作，还是工资低但自己喜欢的工作？人是否应该追求稳定？稳定和进步的关系该如何平衡？等等。其实这些问题的背后都折射出两个字——平衡。

在现实生活中，并没有完美的答案或解决方法，所以需要我们看透事物的本质，明确自己在某个阶段努力的方向和优先级，找到某个平衡点，一切为实现自己的人生目标而服务，这就是在第6章中我们要学习的高效成长模型的第六力——平衡力。

第一节我们将聚焦探讨生活和工作的平衡问题，到底这个问题是不是一个伪命题？是否能实现二者的平衡？要点如下：

— 工作和生活是否能平衡？

— 过于追求二者平衡的本质是什么？

— 如何做到二者兼顾？

6.1.1 工作和生活是否能平衡

不知道你是否还记得之前的一条热搜新闻：杭州小伙子骑车逆行被拦，当场崩溃大哭。新闻的内容大概是，某天晚上八点左右，杭州的一个小伙子骑车逆行，被交警拦下，没多久他突然情绪崩溃，在街头跪地大哭。原来，这个事件背后隐藏的却是生活的重负，这个小小的违章竟几乎成了压在骆驼身上的最后一根稻草。

不管如何安排工作和生活，都意味着当你想要得到一些东西时，就必然会失去一些。而你要问清楚自己的是，决定真心想要得到的是什么，同时又有勇气承受失去的是什么。当外部世界环境瞬息万变，唯一不变的就是变化时，个人成长和发展的机会很可能就在你的迟疑、麻木和无视下稍纵即逝。如果年轻时一心为了安稳，吃不了辛苦，过于在乎一时的得失，那么命运与你兑现的也不过是庸碌而寻常的一生。

与 SOHO 中国有限公司潘石屹早年一起搬砖的工友李勇，在回忆潘石屹的成功之路时，他的一段话让人深思："我图安稳，他能折腾。以前，我以为潘石屹的成功很偶然，可现在不这样认为了。因为每次在生活的岔道口，我只图安稳，满足于第二天明白自己干什么工作，害怕失去现有的一切。当初，我还觉得潘石屹每次都是瞎折腾，其实他每次在折腾时，都有了更高的起点，终于折腾成了拥有几百亿的富翁！这就是我跟他的区别呀！"

李勇在"能吃着馒头，就不会再奢求蛋糕"的思维模式下，满足现状，懒于求变，错过了太多机会，本来他跟潘石屹的起点相同，最终落差却有天壤之别。

回想起我当初创办自己的公众号"职场木沐说"时，有人就说自媒体的红利期已经过了，何必吃那个苦头，权当玩玩就行了。可我却不是这么想的，对于我来说，比别人晚进入这个领域，一切从头开始，就必然要付出比别人更多的努力和精力，没有捷径可言，这很公平，更没什么可抱怨的。

创办公众号、写原创文章一点都不轻松，尤其是还要利用自己的业余时间来进行。最大的挑战就是时间永远不够用，这是不争的现实。但我知道，若是真的想做出一些事情，就只能牺牲自己的休息和休闲时间，比如减少一小时睡眠，放弃看电影、逛街和泡咖啡馆的爱好，削减社交活动，挤占一些陪伴孩子的时间。

经过不懈的努力和坚持，我的公众号在职场领域逐渐具备了一定的影响力，文章经常被人民日报、共青团中央、十点读书、思想聚焦、领英等公众号转载，也接连收到知名出版社的出书邀约。

如今回顾往事，如果当时我怕苦叫累，不想改变安逸的生活状态，只把经营公众号当作一种娱乐爱好，可能我早就放弃了，更别说有现在的一点成就了。

美国作家加里·凯勒（Gary Keller）曾说过："若想面面俱到，必然每件事都会打折扣，达不到预期的效果。"在外界事物急速变化的今天，虽然机会俯拾皆是，但机会却绝不等人，一点都不手软。每个人的时间和精力就那么多，想要追求四平八稳，追求工作和生活的绝对平衡，就会什么都做不到极致，什么都做不成，更别说实现什么人生突破和跨越了。

6.1.2　过于追求二者平衡的本质是什么

有些人一定要追求工作和生活二者之间的绝对平衡，我想可能基于如下两种心理。

第一，"一夜暴富"心理。这一类人嘴上说要"平衡"，骨子里却要的是"失衡"，想要在没有全身心投入的情况下，通过较少的努力和付出，也就是最小的生活代价，换取最大化的利益。也就是做着最轻松的工作，享受着最高的工资。这其实跟"一夜暴富"的心理没有什么本质区别。

第二，为放纵和不努力找借口。这一类人为了追求平衡，绝对不能接受加班，也绝对不能挤占休闲时间去学习、充电或提升。在他们看来，工作和学习都是"累"的事情，下了班的时间应该完全用于休息、娱乐这些"不累"的事情。

有一个容易被忽略的事实是，如果一个人在工作中不能全心投入，过着"做一天和尚，撞一天钟"的日子，无法从工作中获得价值和成就感时，那么就算他在工作之余享受了生活，这种状态多半也不会持久。接下来他还是不可避免地要面对深深的空虚，生活仿佛没有了方向。所谓的"工作和生活平衡"并不能帮助他们从低谷中走出来。

有一些人会经常抱怨说自己目前的工作循规蹈矩，没有挑战性，学不到东西或者成长空间有限，而当你问他们有没有想过从现有体系内跳出来，转行到其他行业或岗位工作时，他们的回答都出奇的一致："虽然现在的工作干得不开心，但好在稳定，工资旱涝保收，如果我跳槽换岗的话，挑战和压力太大，必然会失去工作和生活的平衡。我还是想多花一些时间来享受生活，找女朋友，工作太忙会影响到我未来的家庭生活啊！"

诚然，进入市场化生存和竞争的企业中工作，会面临更大的挑战和压力，这的确是不争的事实。但他们似乎忽略了，因为有压力和挑战，才能倒逼人不断地学习和进步，而这所换来的，不正是这一类人嘴上说的，一直想要追求的意义感和成长空间吗？

不可否认的是，当你全力追求某个大目标或去实现某个理想时，由于时间、精力和个人能力所限，一定会顾此失彼，导致投入其他领域的资源不足，就必然会引起失衡。

古往今来的艺术大师、科学巨人、能成就一番大作为者，不乏疯魔之辈，因为他们专注而痴迷的持续投入，才能终成大器，完成大业，"不疯魔，不成活"说的就是这种人。

当你意识到想让工作和生活达到绝对平衡是个虚幻的想法，彻底摧毁侥幸心理和各种不努力的借口之后，你就会坦然接受自己的不完美。那么下一步就是要行动起来，为自己的改变走出第一步。

6.1.3　如何做到二者兼顾

我在知乎上看过这样一句话："这世上可能并不存在真正的

平衡，你最多只能做到在生活和工作之间的切换。"对此我深有同感。一个人如果在工作和生活场景下，能够做到切换自如，认真对待角色的转变，全心投入，未尝不是一种寻求工作和生活兼顾的智慧之举。

比如：

百事可乐公司前首席执行官卢英德在进家门的那一刻就会放下电话，只会在孩子们睡觉之后，才召开电话会议。

油管网（YouTube）公司的首席执行官苏珊·伍吉西奇（Susan Wojcicki）即使运营着这样一家大型企业，仍然可以每天晚上 6 点在家里跟孩子一起吃晚饭。

SOHO 中国有限公司的执行董事张欣说："要尽可能把任何不必要的工作时间腾出来，和孩子一起吃饭、一起过周末。"

我接触的不少企业高管或者创业者即使平时再怎么忙碌，周末都要专门抽出一天时间用于陪伴家人和孩子。他们跟家人在一起的总时长虽然不多，但是陪伴质量却相当高，比起那些"人在心不在"，就算坐在对面，也不过是在玩手机的人来说，他们得到了家人更高的满意度和幸福感。

所以，面对"工作和生活如何平衡"这个议题，我建议你不要过于纠结，而是要看透问题的本质，在人生发展的不同阶段，学会辨别当下什么对你来说才是最重要的，进而合理分配自己的精力和时间。

1. 明确目标

在第 1 章和第 2 章，我们学习了规划力和职场力，明白了如何为自己的人生和事业发展制定中、长期发展目标，具体落实到每一年、每个季度、每个月、每一周、甚至每一天你要做什么。

"不积跬步，无以至千里。"如果你总认为自己的时间可以无限多，树立的目标还很遥远，因此不急于一时的努力，于是将能支配的业余时间都用于休闲、娱乐和其他打发时间的活动上，终有一日你会猛然惊醒，发现自己浪费了太多的时间，不仅没有取得进步，反而依旧停留在原地，甚至在不知不觉间还倒退了。

过程中不努力、不执行、不付出，却天真地希望有一天自己能突然变得很厉害、很成功，试问天底下哪有这么便宜的事情？

我有个学员给自己设定了短期目标：半年内转行跳槽到心仪的公司。而想要实现这个目标还有很多准备工作需要做，比如优化简历、制订跳槽计划、搭建内推人脉网络、学习向上管理能力等。她把这些工作分解成了每一周要完成的进度和目标。

起初一切都很顺利，计划执行得很好，但几周后她的工作负荷加大，晚上经常加班，因此导致之前设定的下班后和休息日要完成的任务无法完成，一拖再拖，这让她开始焦虑，又无所适从，于是找我来进行私教辅导。我告诉她：首先要明白生活中因为出现这些意外因素而打破了既定计划，其实是一件很正常的事情，心态上要学会接受这种变化；其次，要学会进行相应的调整和平衡，如果你今天本来的目标是要学习 30 分钟课程或读 30 页书，因为临时加班很晚回家，我建议你也不要完全不去学习课程或者不去看书，如果实在太晚，你可以学习 10 分钟，哪怕 5 分钟，或者看 10 页、5 页书，这样就不会让自己有一种负罪感，从而彻底放弃计划，同时也在客观上让自己往前推动了一下。我还建议她挤时间把本周未完成的任务补完，比如削减周末外出时间，取消一些不必要的活动，尽量保证完成本周计划表上的内容。

这样当复盘这一周计划的执行情况时，你会发现并没有当初想象的那么糟，至少你没有完全将计划束之高阁，而是小步往前，也就是始终奔着你的目标在走，哪怕暂时慢一点也没关系，因为你没有停止、没有回头、没有放弃。

站在"工作和生活绝对平衡"的角度，有些人会不理解这种做法，为什么一定要如此逼自己？因为加班没完成计划，并不是因为自己故意拖拉或者懒惰的原因，这不是情有可原的吗？周末该休息休息，该放松放松，不能因此耽误了自己的休闲活动。

对于一个目标感不是很强的人来说，这么想并没有什么不对。但如果你对自己的人生和未来发展有所追求，想要逆袭人生或者对现状做出实质性的改变，让自己的人生更加有趣，迎接新挑战，那你就要始终明确自己当下的人生重点和优先级是什么。

正所谓"你的时间花在哪里，收获就在哪里"，你的今天是由昨天的你做了什么来决定的，你的明天也是由今天的你做了什么来决定的。想要过什么样的人生，想要有什么样的活法，完全取决于你的选择。

2. 精力管理

除了要明确自己的目标，能让自己在忙碌的工作和享受生活的过程中都游刃有余之外，你还要学会对自己的精力进行高效管理。

一天的时间对每个人来说都是 24 小时，看上去永远都不够用，再高效的时间管理方法也无法确保你有足够的精力处理好每一件事。所以管理精力，而非管理时间，这才是高效表现的基础。因为生命的终极质量并非由寿命衡量，而是由我们如何在拥有的时间里投资精力来决定的。

精力其实就是做事情的能力。精力管理有一个金字塔模型，很好地解释了它的构成（图 6-1）。如果你理解了这个模型，就知道应该怎样去有计划地改善自己的精力了。

如图 6-1 所示，精力的来源用精力金字塔来表示，从下到上分为 4 层，分别是体能、情绪、思维（注意力）、意志（意义感）。越底层的精力是越基础的，而底层的精力会影响上层的精力，一层一层往上影响。也就是体能影响情绪、情绪影响思维、思维影响意志力。所以，一个人最理想的精力状况是全情投入，也就是体能充沛、情感丰富、思维清晰、意志坚定。

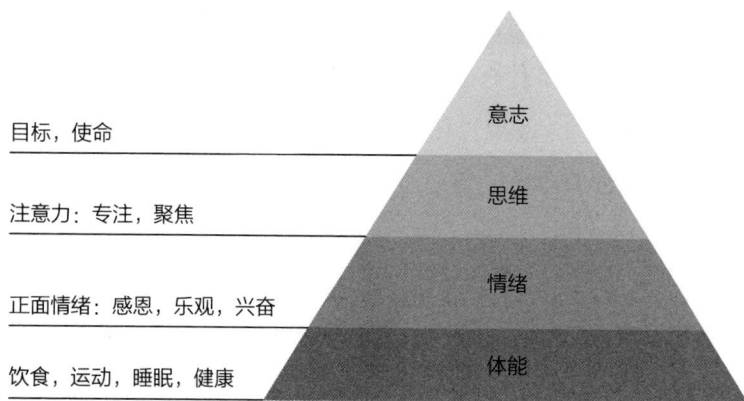

图6-1　精力金字塔

（1）体能

体能是精力最重要的来源，这一点毋庸置疑。一个人的体能水平和生活习惯息息相关，比如健康状况、饮食选择、运动习惯、睡眠质量等。现代人熬夜、不吃早饭、中午和晚上暴饮暴食、缺乏运动，是体能下降的元凶。

（2）情绪

有效管理情绪，是精力管理的一个重要组成部分，直接决定一个人是否能保持最佳状态。培养正面情绪、放松心情和培养兴趣爱好，能使一个人的情绪保持在积极的状态。同时，当你在选择娱乐活动时，除了自己喜欢的，还要注重活动本身的吸引力、丰富程度和生动性，活动的内容越丰富、越有内涵，对人补充精力的效果越佳。

（3）思维（注意力）

注意力能让人的精力产生一个有效的输出，创造出有效的结果。就像你驾驶一辆汽车在马路上行驶，不管这辆车的功率多有强、性能有多高，但如果你始终无法聚焦，方向盘总是打偏，汽车行驶得七扭八歪，那么最终也无法到达终点。

注意力缺乏的人能够专注在一件事情上的时间非常短。有的人看书十多分钟就想着做其他事情，看会儿手机，刷会儿微信，结果很快半小时就过去，再捧起书本继续看书，思路已经被打断了。而若是你手头正在做的是特别重要而且有挑战的事，不够专注的话，往往就只会产生拖延，因此改善和提升注意力就显得相当重要。

（4）意志（意义感）

也就是生活的意义、目标和使命到底是什么？它是人活着的最高追求，是驱动我们做事的底层逻辑，是人生的操作系统，是精力的最终源泉。

为什么有意志或意义感的人精力更充沛呢？这就像是在茫茫夜色中行驶在大海上的水手，前方能看见灯塔，即使夜色再黑、风浪再大，也不会沮丧和气馁，因为一直有强大的动力在支撑他。

人生有了非凡的意义，就会在生命中迸发出巨大的能量，产生持久的精力。如果你实现某个目标仅仅是为了满足一己私利，那么你在遭遇了困难和挫折之后，可能会变得没有动力、没有信心、没有克服困难的勇气。所以，要学会去找到做这件事更高的意义。

比如：有的人以持续做公益和慈善事业为人生意义；有的人以在某个领域研发出新产品、新技术为使命；有的人为了让操劳一辈子的父母晚年享福，立志带他们走遍全中国、全世界；有的人为了让孩子实现理想，为其投入更优质的教育资源，全力支持等。

关于精力金字塔，为了方便你记忆，我给你这样一个公式：

好的精力 = 充沛的体能 + 积极正面的情绪 + 随时可以聚焦的注意力 + 明确的意义感。

3. 提高效率

想要取得工作和生活的相对平衡，你还需要提高自己做事情的效率，高效利用每一分钟，让自己的工作效率不断提高。工作清单法和分解目标法就是两个实用的方法。

（1）工作清单法

这个方法就是在每天下班前，将你次日要完成的任务列出一个清单，第二天就按照清单上的事项一件一件去落实。

注意：如果你还想更加从容和有掌控感，那么就要对每天安排的任务总量做一个合理的调整，任务不能太少，以致有太多富余的时间无事可做；也不能太多，负担过重完成不了，又会给自己带来压力和焦虑。

（2）分解目标法

人的天性是喜欢舒适，喜欢挑简单的事情来做，本能地去逃避稍微复杂或麻烦的事情，一直拖延不想去做，久而久之就养成了拖延症这个不良习惯。

想要克服拖延症，提高效率，我建议你把做这件事的目标进行分解，分解成可以直接去执行的动作。比如你有一个目标是要好好学习，但这个目标过于宽泛，不如分解成具体的行动，例如我要在今天晚上 8：00—10：00 认真阅读某本书籍，同时听老师的课程，边听课边做笔记，并完成作业。

可见，写下一个笼统的目标跟写下具体的行动相比，这两者对督促你马上行动起来的效果是完全不同的。

综上，关于"工作和生活平衡"这个问题，其实二者的关系不是绝对的对立，也不是机械而绝对的平衡。当你提高了工作效率，就会有更多的时间享受生活，当然也就会更加热爱生活，这样你也就有意愿、有动力且有更多的心力去高效工作。将工作和生活的边界设定好，工作的时候全神贯注，心无旁骛；生活的时候真心陪伴，全情投入。

其实，除了生活与工作，人生还有很多其他的关系也无法做到绝对的平衡，比如家庭、生活、事业、爱情，彼此之间都无法做到绝对平衡，时间并不会主动地把这些概念均匀切割。只要当你明确了在某个阶段你的目标和使命是什么，就能有意识地选择出阶段性的重心，达成"曲线式"平衡。因为你的选择不过是各阶段的交错让步，当我们拉长视线后发现，人生其实不偏不倚。

6.2

↑

喜欢但工资低的工作与不喜欢但工资高的工作

经常有学员问过我这样一个问题：如何在"高薪、不喜欢"

和"低薪、很喜欢"的工作之间进行抉择？仿佛选哪一个都无法让人满意，愧对自己。这看上去是一个重大的两难选择，甚至无解。其实，这个问题想要得出清晰的答案并不难。

这一节将讨论工作和兴趣之间的平衡问题。要点如下：

— 工作的首要目的是什么？
— 高薪转入低薪工作的情形。
— 是什么让你不喜欢工作？

6.2.1 工作的首要目的是什么

为了明确人们工作的首要任务和目的，我们需要澄清如下四个问题。

1. 什么是高薪和低薪

首先要界定一下高薪和低薪的概念，如果高薪和低薪差距不大，比如前者是 1 万元，后者是 8000 元，薪资数额没有本质差别，跨度也不大。这时问你如何选择工作，你自然会选择自己喜欢的工作。但如果前者是 1 万元但这份工作自己不喜欢，后者是 5000 元但自己喜欢，薪水差距达到一倍甚至更多，这才是问题的真正纠结之处。到底是屈从于现实物质生活的压力，还是听从内心的声音，专注于自己的兴趣选择？

2. 什么是职场

职场就是一群人在同一个组织中，从事不同的职能分工，为了实现一个共同目标而聚在一起的场所。所以，职场并不以个别人的好恶和意志为转移。非营利组织是为了实现某种社会目标，而营利性组织当然就是为了实现经济目标。

在这个前提下，个体的喜欢与否显得没那么重要，甚至无足轻重。你喜欢也好，憎恶也罢，没了你，组织依旧前行，地球照样运转。

3. 人为什么要工作

从马斯洛的需求层次金字塔来看，人类首先也是最重要的是生存的需要。工作才有钱可赚，有了钱才能支付生活的各种开支，才能在社会上立足和生存下来。满足了这个需求，你才会开始产生社交、尊重和自我实现的需求。

如果不是按照这个顺序而是倒着来的话，在物质、生存这些需求还没满足的前提下，就追求更高层次的需求，这种情况在现实生活中存在吗？不能否认，这种情况并不是没有，但基本发生在特殊年代，比如战争时期，先辈们为国家独立而抛头颅、洒热血，但这并不大适用于和平年代。对于不是"富二代"的普通人，工作首要的目的仍然是养家和讨生活。

4. 什么是喜欢

把"喜欢"这件事放在个人情感或兴趣爱好上，是很好理解的。就是某个人或某个物件（兴趣）能给人愉悦之感、让人开心，所以人们愿意花时间或精力在它们上。

你可以在"喜欢""不喜欢""喜欢哪个"之间随意切换和选择，而不管你如何选择，对你的生活根本不构成威胁。但倘若是把"喜欢"放在工作和职场，那就没这么简单了。甚至可以说，如果在"喜欢""不喜欢""喜欢哪个工作"之间来回切换，那将是一个人职业生涯的灭顶之灾。

澄清上述四个问题是为了让活在现实中的我们认清工作最首要的目的，工作是为了满足物质和生存需求，其次才是兴趣和更高的精神追求。物质需求后面跟着其他需求，物质是大写的"1"，其他需求都是1后面的0，如果前面的"1"没有了，那么后面的"0"再多也失去了实际意义。

5. 由高薪工作转入低薪工作的情形

一个人能拿到高薪，主要是由以下因素促成的：

— 该行业普遍高工资。比如互联网行业、金融行业。

— 同一行业，该类岗位普遍高工资。比如核心的销售或业务岗位的工资普遍要高于后勤行政类岗位。

— 应聘高级岗位。比如高级经理、总监以上的岗位。

— 过往履历和业绩优异。比如毕业于名校、有大公司从业经历、销售额高。

— 经验丰富，能力较强。

而一个人又为什么只能拿低薪？主要因素如下：

— 该行业普遍低工资。

— 同一行业，该类岗位普遍低工资。比如后勤、行政
岗位。

— 初级岗位。

— 过往履历和业绩一般。

— 经验欠缺，能力不强。

结合上述因素，我们暂时抛开是否喜欢工作这一点，单纯
分析一下当一个人想要放弃高薪工作，而转到低薪工作时，其
可能性大概有以下六种情形：

— 高薪行业→低薪行业。

— 高薪岗位→低薪岗位。

— 高级职位→初级职位。

— 老手→新手（如跨行业）。

— 个人履历或业绩变差。

— 个人经验或能力下降。

针对如上六种情形，下面我们来逐一进行剖析。

（1）高薪转入低薪行业

表6-1是2021年城镇私营单位分行业就业人员的年平均工
资情况，数据来源于政府网站。这里谈到的行业平均工资，就

是普通的在职工作人员的薪资，并非自主创业或者企业主及企业家的工资。

表6-1　2021年城镇私营单位分行业就业人员年平均工资

行业	2021年（元）	2020年（元）	增长速度（%）
农、林、牧、渔业	41442	38956	6.4
采矿业	62665	54563	14.8
制造业	63946	57910	10.4
电力、热气、燃气及水生产和供应业	59271	54268	9.2
建筑业	60430	57309	5.4
批发和零售业	58071	53018	9.5
交通运输、仓储和邮政业	62411	57313	8.9
住宿和餐饮业	46817	42258	10.8
信息传输、软件和信息技术服务业	114618	101281	13.2
金融业	95416	82930	15.1
房地产业	58288	55759	4.5
租赁和商务服务业	64490	58155	10.9
科学研究和技术服务业	77708	72233	7.6
水利、环境和公共设施管理业	43366	43287	0.2
居民服务、修理和其他服务业	47193	44536	6.0
教育行业	52579	48443	8.5
卫生和社会工作	67750	60689	11.6
文化、体育和娱乐业	56171	51300	9.5

从高薪行业主动换到低薪行业，比如从信息传输、软件和信息技术服务业，换到农、林、牧、渔业，因为行业的实质性

改变，薪资会大幅降低。在这个场景下，如果谈到喜欢的可能性，包括：

— 放弃原高薪行业，主动去低薪行业的普通岗位。因喜欢而转入低薪行业的可能性低。

— 放弃原高薪行业，去低薪行业，进行资源整合并自主创业，成为创始人或合伙人。因喜欢而转入低薪行业的可能性高。

（2）高薪岗位转入低薪岗位

行业和领域没有大的变化，从原本高薪的岗位转到低薪的岗位，比如从销售或技术开发岗位，转做行政、后勤、出纳等岗位。这种转岗在现实中动机不大，最可能的情况是，有人无法适应销售工作的业绩压力及频繁出差，宁愿不去冲刺高额销售奖金，主动转岗去做没有销售任务、领固定工资的行政类工作。但这只能说是某人当时在择业和进行职业规划时产生的错误，以致能力无法适应岗位，但如果说是因为喜欢行政类工作而放弃了原来的高薪销售工作，现实中很少有人这样选择。

综上，因喜欢而转入低薪的可能性低。

（3）高级职位转入初级职位

行业和领域没有大的变化，从高级岗位转到低级岗位，比如原来当经理，现在做普通员工。这是公司在打算裁员又不想支付赔偿金时会采用的惯用方法。

不管是从面子上、心理承受力上还是待遇下降等现实方面，一般人都无法接受这种降级的待遇，因此会选择主动离开或者跟公司协谈相应的补偿。但若不是这种情况，而是因为喜欢初级岗位，主动寻求转岗，现实中的可能性真的很低。

综上，因喜欢而转入低薪的可能性低。

（4）从老手转为新手（如跨行业）

较为典型的是，一个人抛弃过往的工作经验，进入崭新的行业或者岗位，自己没有任何经验和业绩可言。这种情况下，你和一个新手没什么区别，而雇主给一个新手开出高薪的概率微乎其微，因为你还不值那个价钱。

所以，如果你打算转到喜欢的行业或岗位，而自己还只是一个新手，这个时候你必须接受低薪的现实。

综上，因喜欢而转入低薪的可能性中等。

（5）个人履历或业绩变差

一个人如果短期内频繁更换公司和岗位，或者中间工作间断，空档期较长，或者在过往公司有不良记录、业绩较差等，这些在简历上或背景调查上都会形成职业"污点"，反映在薪资上，雇主就会压低薪酬或直接降薪。

候选人对自己的上述经历心知肚明，所以在求职时也没底气要求高薪，可能就会自降身价，要求低薪。这种情况，根本谈不上喜欢不喜欢。

综上，因喜欢而转入低薪的可能性低。

（6）个人经验或能力下降

比如，当公司快速发展时，对员工的知识、经验和能力的要求也会更新换代，而你却不能做到与时俱进，原来的经验都已过时，你却躺在原来的功劳簿上，完全不能适应公司的新变化，原来的经验和能力反而成了绊脚石，别说降薪，没有被公司裁掉就已经算不错了。这自然就跟喜欢没任何关系了。

综上，因喜欢而转入低薪的可能性低。

通过对上述六种情形的深入分析，我们发现在现实生活中，真正出于自己的喜欢而主动选择低薪工作的情况，主要出于如下两种情形，即：

— 自主创业。

— 跨行业，从老手转为新手。

经过这样的分析和拆解，问题一下子变得容易和清晰了。针对这两种情形，你有底气、有本事、有能力、有毅力去选择自己喜欢的工作吗？如果你的回答是肯定的，那么我要给你一个善意的提醒：创业和转行并没有你想的那么简单。为什么这么说呢？

第一种情形：为了自己的兴趣，辞职创业。创业需要全身心投入，要求创业者具有高度自律能力和抗压能力。更重要的是，你必须具有超强的资源整合能力。即找人、找钱、找项目，然后用你的驾驭能力和领导能力把这些要素用一根线串起来。

也许创业前你已经积累了一些资源和人脉，这些在创业后能帮上不少忙。但那也只是开始，此后你必须继续挖掘有效的靠谱资源，它们要能给创业项目输血而不是抽血。这些无疑都在考验着你的整合、创造、协调和沟通的整体能力。而这些能力，职场人在打工时并没有引起足够重视，这方面的锻炼也极为有限。

如果你习惯了"铁路警察，各管一段"的职场生活，也没有强大的资源整合和拼凑能力，无法为一个创业项目完成"穿针引线"的人、财、物的资源配置，那么就算你有再多的热情，再好的点子和商业计划，也终究无法成为一个合格的创业者。

其实，并不是所有人都有能力、有资本为了兴趣而辞职创业的，可以说，只有很少一部分人才有这个资格。

第二种情形：为了兴趣进行了从老手到新手的转变，这就涉及跨行的问题。很多人容易犯的错误是，刚对新行业有了初步了解，就说自己非常喜欢，头脑一热愤然裸辞，哭着喊着要进入新行业。而一旦深入了解，才发现原来很多东西自己根本不懂，于是无法适应新环境，接受新挑战，到时就可能后悔并质问自己：当初真是脑子进水，怎么会喜欢这样一份工作？

尤其是在初期，当你还是初学者或者新手，拿着比之前还低的薪水，面临各种新的问题和困难，生活水平又极速下滑，此时的你还敢拍着胸脯说"这样的工作，我愿意"吗？

这让我想起《奇葩说》的一期节目，辩手李思恒的一句话让我印象深刻："你以为你喜欢的工作会让你快乐无边，但是你生活的磨难将接踵而至。"

那么，你所谓的"喜欢"，是真的"喜欢"吗？诚然，兴趣是最好的老师，带着极大的好奇心和兴趣从事一项工作，一定会收获意想不到的效果。但是你需要搞清楚"三分钟热度"和真正的兴趣之间的区别。真正的兴趣能驱使人不断地进行投入和钻研，进行长期积累；而仅靠三分钟热度做事，只能维持极其有限的时间跨度，然后就会再度产生厌倦和陷入迷茫。

因此，仅凭所谓的"兴趣"而讨厌一份工作或者中意一份工作是很不可靠的，因为那极有可能只是"三分钟热度"带来的幻觉和一时兴起。

6.2.2　是什么让你"不喜欢工作"

不管你目前拿着高薪还是低薪，如果你对这份工作不感兴趣或者不喜欢，先不要急着马上就否定这份工作，思考一下自己为什么不喜欢。是不是因为工作压力大？缺乏动力？晋升困难？跟领导相处不佳？每天重复机械工作，没有成长空间？各方面物质待遇差？

那么解决这些问题的办法，不是立马辞职创业转向你所谓的"喜欢"的工作，而是重新梳理目前的工作方法、人际关系、沟通方式以及职业规划等，看看哪里出了问题，下一步该如何做出改变。否则，就算你转到了喜欢的工作，也是一种逃避现实的意气用事，你根本没认识到转行本身意味着更大的变化、挑战甚至风险。

针对以上遇到的职场问题，你可以从如下的角度进行反思。

1. 工作压力大，缺乏动力

如果你没有清晰的职业发展规划，本着"做一天和尚，撞一天钟"的想法工作，那么多干一点事情都会让你觉得很不情愿，对未来的发展充满迷茫和焦虑，感到无所适从。

在本书第1章和第2章，我跟你分享了如何给自己设定人生和事业发展目标，就算你没有十年的长远目标，给自己设定一个两年、五年的目标还是非常落地可行的。而当你有了自己要达成的目标后，就犹如一叶扁舟在茫茫大海中有了照亮前方的灯塔一般，你会全力以赴地朝向那个灯塔划去，充满斗志，也充满动力，而不再是漫无目的，随波逐流。

同时你也会意识到目前的工作是有意义、有价值的，不会"这山望着那山高"，经常被外界事物所干扰和吸引，从而偏离了既定的发展轨道。

2. 与领导相处不佳，晋升困难

很多学员在找我做一对一辅导之前，都会面临这个难题，其实也就是不擅长做向上管理，跟领导进行高效沟通。缺乏这项能力，在晋升之路上就会举步维艰，从而对目前的工作丧失兴趣。

所以，问题不在于这项工作本身是不是有意思、有价值，而在于你还没有学会如何能让自己的能力和价值得到展示和体现，能够被上司看到、认可并欣赏。反过来说，如果你得到了上司的充分信任和欣赏，想获得晋升并不困难。

所以，你要回顾一下自己在跟领导相处的过程中，是不是犯了如下错误：

— 不了解领导的喜好、个人性格和管理风格。

— 一直在用领导不喜欢的方式与其沟通。

— 笃信"酒香不怕巷子深"，不会主动展示自我，职场曝光率极低。

— 汇报工作时，思路和逻辑不清晰，领导不认可。

— 跟领导一对一的沟通次数太少，距离太远。

如果你出现了如上情形，那么你跟领导的关系疏远、不被信任和认可就是非常正常的事情。而如果一个下属不被领导认可，能力不被赏识，又怎么会得到升职加薪的机会呢？

3. 没有成长和空间

自我感觉工作内容重复机械、没有创新和挑战性内容，本职工作一眼就能看到头，看不到发展的空间。如果的确是这种情况，你可以仔细思考以下两件事：

第一，你是否有选择新机会的资本或者可能性？如果这份工作已经无聊、无价值到这种地步，那么根据自己的职业发展目标，重新寻找新机会是必然的选择，你就没必要在这一棵树上吊死，浪费时间，耽误发展。

当然如果留在目前岗位或者所在公司，仍然有你可以学习的地方，仍然有积累经验的可能，那我建议你可以考虑给自己留一段时间刻意进行学习和积累，让自己的时间不白白浪费。

第二，目前工作是否有优化的空间？如果你在中小城市或者在体制内工作，基本没有换工作的可能，那么我建议你仔细梳理目前的工作内容和流程，看看是否有进一步优化和提高效率的空间。其实也就是让你重新找到这份工作的价值以及带给你的成就感。如果实在没有，那么你可以考虑如何在职业外去寻找新的事业成就感。

综上，试想一下，如果你是因为上述原因而不喜欢现在的工作，那么就算到了新行业或新领域，做了你喜欢的工作，你上面遇到的这些问题也很可能一样会再次面临。到时你该怎么办？难道还要再重新选择和转场到自己喜欢的工作领域吗？说到底，职业不是兴趣爱好，你完全可以在工作和学习中逐渐培养对这份工作的认同。在每一个工作目标达成后，一样可以享受成功带来的喜悦。

我非常认同这样一句话："你不一定要做你最喜欢的一件事，可是你要做一件能够让你学到东西的事，因为学习是快乐的。"这句话清晰地回答了我们对一份工作的喜欢应该如何界定，每个人不就是这样一步一步获得成长的吗？

成长就是不再像小孩一样任性，不再把喜欢和讨厌当作我们判断和选择做一件事的唯一标准。作为成年人，我们也不应该用喜欢和不喜欢去选择一份工作。

6.3
↑
稳定和进步二者矛盾吗

我有个私教学员丽莎毕业后在父母安排下做财务工作，每月到手6000元，工作轻松而稳定。但丽莎并不喜欢财务工作，觉得循规蹈矩，没有挑战性，想当一名销售人员，她的父母却坚决不同意，理由是财务工作稳定，而销售则具有很大的不确定性。

其实丽莎的处境并不罕见，曾经有个读者跟我说她交往五年的男友只因为在私企工作，父母坚决不同意，逼迫他们分手，并要求她的对象必须在体制内工作，最差也要有事业编制，原因是这样的工作稳定。

我还有个读者是毕业于北京一所名校的硕士研究生，千辛万苦找到了一份不错的工作，却因为不属于体制内范畴，被父母要求拒绝工作，只好继续求职。

这些学员或读者的经历不约而同地指向了同一类问题：稳定的工作，到底是不是护身符？稳定的工作，真的会永远稳定吗？稳定的工作背后，有什么让你更应该担忧和害怕的？稳定了，就没办法取得进步吗？

这一节我们就来一起探索这些问题：到底要不要追求稳定？稳定和成长进步矛盾吗？二者如何进行平衡？

— 追求稳定的本质是什么？

— 没有稳定的工作，只有稳定的能力。

— 如何在稳定中求进步？

6.3.1　追求稳定的本质是什么

1. 追求稳定，其实只是一种心理上的安慰

大多数人认为的稳定只是这个岗位看上去稳定而已，殊不

知岗位再稳定，也不代表个人的稳定。在稳定的岗位上，你也不可能一辈子高枕无忧，更何况很多今天看似稳定的行业或岗位，正逐渐被取代，甚至消亡。

我国国产方便面的销量自 2013 年至 2016 年下降了约 80 亿包，它们的对手并不是国外的方便面企业，而是美团、饿了么这些新崛起的互联网送餐平台。不是因为方便面不好吃或者质量出现问题，而是因为外卖又好吃又便捷，大家就改吃外卖了，何必去啃口味单一的方便面呢？

纳西姆·尼古拉斯·塔勒布（Nassim Nicholas Taleb）在《反脆弱》（Antifragile）中讲了这样一个故事：美国有一对兄弟，哥哥是 500 强公司的高管，收入丰厚又稳定。弟弟是出租车司机，收入忽高忽低，虽然不稳定，但一年下来总收入跟哥哥差不多。当经济危机爆发时，哥哥失业，只能靠存款勉强度日，而弟弟依然靠开出租车维生，完全没受什么影响，收入跟以往一样。塔勒布在分析类似的大量案例后，得出一个结论：越稳定的越脆弱。紧随行业衰退之后的，是岗位的消失。

刘强东宣布未来京东的员工数量将减半，全面实现"无人公司"，用人工智能技术改变传统的管理与服务方式。很明显，50% 的员工将会被淘汰，而被淘汰的正是那些贡献一般、价值不高、可替代性强的员工。留下来的则是更懂技术、更懂人工智能、更懂未来的人才。

在一个不再是找到"铁饭碗"就管一辈子的时代了，任何岗位、任何人都可能被随时取代，不管你乐不乐意、高不高兴。潮水来临时，你根本无法改变潮水的方向，你能做的，唯有让自己具备游泳求生的能力，降低被潮水淹没的风险。

2. 工作稳定，收入增长的空间也不大

另外，工作稳定在某种程度上付出的代价就是收入的增长空间有限。

我有个朋友硕士毕业，过五关斩六将好不容易进入某国企，后来因为工作出色，被调往公司的核心部门工作。而正当他的事业如日中天之际，他却毅然选择辞职创业，专注运营新媒体。问他后我得知，原来他的第二个孩子出生了，房贷、车贷、养育孩子等各方面的开销越来越大，现有工资已经不够支撑家庭生活，家庭矛盾日益突出，而此时他运营的公众号变现能力增强，其收入已经超过同期的国企工资。如果放在不久以前，谁会料到拿着国企的"铁饭碗"这令多少人羡慕的、苦苦追求的、稳定的单位工作的他说辞职就辞职了呢？

道理其实很简单，当你置身一个稳定的行业和稳定的岗位时，你所属的组织必然也处在一个稳定的通道之中。而如果行业增长平稳甚至缓慢的话，它能带给员工超乎预期的经济收入和物质奖励的可能性就变得很低。所以，身在其中的你，收入一成不变或者涨幅甚微，就是再正常不过的事情了。

6.3.2　没有稳定的工作，只有稳定的能力

唐山市取消高速公路收费站一事曾经占据热搜，面临下岗的收费大姐的一番言论让人唏嘘，她说："我今年36岁了，我

的青春都交给收费站了，我现在啥也不会，也没人喜欢我们，我也学不了什么东西了。"

很多人十几年、二十年都在一个稳定的岗位工作，他们以为这就是理所应当的，却从没想过有一天自己会被淘汰、被抛弃。这位唐山大姐恰恰不明白，这个时代不再有稳定的工作、稳定的公司了，只有稳定的能力。而与此相反，我们却被这样的一些孜孜不倦、追求进步的老人刷新认知。

阿里巴巴公司40万年薪招聘产品体验员，岗位要求如下：

— 60岁以上，不限工作背景、学历。

— 与子女关系融洽。

— 有稳定的中老年群体圈子，在群体中有较大影响力（广场舞 KOL[1]、社区居委会成员优先）等。

他们本以为根本招不到人，没想到应聘而来的候选人之多让朋友圈沸腾，且人员素质之高令多少年轻人都自愧不如：83岁的李路阿姨毕业于清华大学，她思路清晰、逻辑严谨，是十几个微信群的群主，经常组织线下活动，充满活力；62岁的黄大伯则直接做了幻灯片来介绍自己，身份标签包括"淘宝12年买家经验""芝麻信用分785分""能熟练使用 Photoshop"。

人到老年，他们不仅没有倚老卖老，拒绝新事物，反而一

---

[1] 指关键意见领袖。通常被定义为拥有更多、更准确的产品信息，且为相关群体所接受或信任，并对该群体的购买行为有较大影响力的人。——编者注

直保持对外界的新鲜感和敏感度，保持思维和认知的活跃。他们学习新技能和新知识，与时代同频共振，夕阳老人们不仅活得精彩，更收获了认可和尊重。稳定的能力，背后是要有持续不断的学习力和自我成长的动力。

正如罗振宇提出的"U盘化生存"策略，他告诫年轻人："自带信息，不装系统，随时插拔，自由协作。"简单来讲，就是要锻炼自己稳定而专业的能力，成为一个"手艺人"。即在组织中，将所有关注的焦点放在自己是否学到了新东西，认知是否得到了升级，能力是否得到了提升，你只需要对自己的价值成长负责。

你的价值一旦提高起来，待时机成熟时，不管是出于被动还是主动原因，你都完全有自由选择脱离那个限制你才能发挥的组织体系，不留一点遗憾和后悔。

6.3.3　如何在稳定中求进步

所谓稳定和风险是相对的，体制内的工作就绝对稳定吗？其实也会涉及违纪风险、复杂的人际关系、论资排辈熬资历等情况；体制外的工作就一定有风险吗？在一个运营和制度发展完善的大平台或者大公司，工作超过十年的员工也大有人在，公司也鼓励员工长期服务。

所以，无论是在体制内还是体制外，稳定和风险都不是一成不变，也不是刻板僵化的，想要不被时代淘汰，就要居安思危，将提升自己的核心竞争力和价值当作首要大事，将自己的不断学习和进步当作唯一的要素，从以下四方面不断打磨自己。

1. 眼光和格局

格局是指一个人的视野、胸怀、高度、布局和战略眼光。拥有大格局，以大视角切入，力求站得更高、看得更远、做得更大。大格局决定着事情发展的方向，掌握了大格局，也就掌握了局势。

我们有时说个人的发展受到了局限，此处的"局限"就是指格局小，为其所限。

2009 年 9 月，李开复没有和谷歌公司续签合同，尽管这份新合同比上一份合同报酬更高。很多人无法理解李开复为什么选择了离开而不是续签。李开复的想法是，如果继续留在谷歌，自己将进入个人发展的瓶颈阶段。他考虑的决定性因素不是老板们的态度，不是薪水的多少，而是签下合同之后，下一步的个人职业生涯的发展轨迹究竟如何。

职业生涯中的几次转型，李开复都是本着这个大的方向和原则考虑的。正因为眼界高远，不拘泥于当下，才有了李开复在职业上的三次成功选择，成就了今天的他。落实到每个人身上，就是当你每天做选择时，是不是将眼光立足于长远而非眼前蝇头小利？是不是能够忍受住暂时的辛苦、孤独甚至损失，从而为将来打下坚实的基础或攒好足够的资本？

曾国藩说："谋大事者首重格局。"格局要足够大，使人免于陷入琐事之中；格局要长远，才能不拘泥于眼前所得而着眼于未来。

2. 深度思考能力

当碎片化霸占了人们所有剩余的时间和精力时，人们被手机游戏、网剧、短视频团团围住，似乎越来越难以静下心来好好思考。当热点事件发生后，多数人只负责扮演吃瓜群众的角色，看看热闹或者情绪激昂地骂两句，只有少数人才会思考事件背后的根本原因。

正是由于对深度思考能力的一点点缺失，才让今天的人过度依赖快餐似的信息和知识消费。如此这般的最大后果是，人要么盲从，要么无所适从。比如以下这些情形：

— 看到股票涨到大爷大妈都赚钱了，便义无反顾地开个户头冲进去掘金。然后，就没有然后了。

— 看到电商如此赚钱，自己去某宝上开店，结果却发现线上运营推广的成本高得离谱。

— 刚看过一本书或一篇文章，感觉到醍醐灌顶时，别人问你："最打动你或者让你印象最深刻的要点有什么？"你却回答："记不太清了……"

这些都只是看了热闹而已，知其然而不知其所以然，就是典型的没有经过深度思考。通过深度思考提升自己的认知能力，这才是此举的最终目的。凡事都多思考几层，多问几个为什么，一旦遇到想不通的问题或者陌生的概念，不是敷衍了事，而是会主动、及时地查阅和补充这些知识，将其转化为自己的认知。

学会明晰概念，关注细节，进行多维度思考，善用思考工具，并以文字形式将思考的结果进行输出。正如亚里士多德所说的："人生最终的价值在于觉醒和思考的能力，而不只在于生存。"

3. 懂得做减法

很多人什么都想要，什么都想做，什么好处都怕落下，每天忙得陀螺一般，然后幻想自己是世界上最忙碌的人，也应该得到相应的回报。然而事与愿违，这样的人往往是瞎忙，忙了半天不知道在忙什么，没有结果，没有成就，没有输出，反而越发空虚，心里没底，浮躁而不踏实。如果什么都想做，不懂得取舍，极易导致出现丢三落四、三心二意的现象。

有研究表明，大脑在调整注意力从某件事转到另一件事的时候，能量消耗加大。如果你一整天都在处理不同的事情，就非常容易让大脑疲劳。然而，一个时间段内专注做一件事，做完再接着做另外一件，会更为高效。虽然电脑的中央处理器能并行处理多个程序，但人却不能，同时干几件事只会分散你的注意力，所以请务必保持"单核处理"。

苹果公司的创始人乔布斯非常擅长做减法。1997 年，他在阔别 12 年后重返苹果公司，此时苹果公司正陷入严重危机。乔布斯认为，就是因为苹果公司的产品线太长，精力过于分散，才导致做不出一款精品。于是，乔布斯毅然砍掉了苹果公司的大部分项目，包括成就了苹果公司上一个辉煌的牛顿掌上电脑。只专注于做手机，苹果公司打败了一个又一个对手，奠定了今天的行业领袖地位。

人的精力有限，要学会将事物分为优先主次、轻重缓急。学会选择"放弃什么"要比选择"做什么"更难，但却更值得。让你的生活方式变得简约精简，学会管理精力，减少无效社交，花时间在强化优势上而非弥补短板，这些都是不错的"做减法"的方法。

4. 敢于对自己下狠手

优秀的人都敢于对自己下狠手，因为他们深知没有人会随随便便成功。

比如，2018 年 5 月 14 日清晨，四川航空 3U8633 次航班从重庆飞往拉萨，在飞行过程中驾驶舱副驾驶员座位前的挡风玻璃破裂脱落。紧急关头，刘传健机长成功指挥了"世界级"迫降，飞机安全备降在成都双流国际机场。此前，刘传健机长在同一航线上往返过上百次，进行过无数次"玻璃爆裂"特情处置训练。

再比如，美国职业篮球联赛（NBA）的球星科比自从进入联赛以来，长期坚持早晨 4 点钟起床练球，每天都要投进 1000 个球才结束训练。因此，当有记者问科比为什么能那么成功时，科比反问道："你知道洛杉矶早晨 4 点钟的样子吗？"记者摇头。科比说："我知道洛杉矶每天早晨 4 点钟的样子。"他的成功出于他的勤奋，当大多数人都还在睡梦中时，他就已出现在湖人队的训练房了。最终，科比变成了肌肉强健，有体能、有力量，有着很高投篮命中率的世界上最伟大的篮球运动员之一。

而作为普通人的我们，想减肥怕辛苦，想跳槽怕承担风险，想创业怕赔本，怕这怕那，就是不怕平庸。抱怨命运不公，时运不济，每天边刷手机边幻想着如何一夜暴富，付出一丁点努力就要求百倍回报，遭遇一点挫折就退缩放弃，这是不是许多人的真实写照？

所以，不论在体制内还是体制外工作，总有一些优秀的人超越了同龄人不断进步，当你看到他们光鲜的一面时，却不知他们花了多少时间和精力去打磨思维，升级认知，学会取舍并苦练内功。可能一天两天你看不出有什么变化，但是三五年后，人和人的差距就此产生了。和普通人相比，他们似乎已经变成另一个世界的人，甚至变成另一个物种，朝着自己的目标狂奔而去，永不回头。

我很喜欢这样一句话："想奋斗，再舒服的工作也拦不住你；不想奋斗，再不堪的工作，也会让你在此沉沦。"

综上，工作的稳定，只是出于安全感的本能所带给人们的一种幻觉和心理安慰，它无法引领你走向终极的内心稳定。内心的稳定来自强大的自信和不可替代性。而能够让你发生真正改变和突破的，根本不是你适应和熟悉的事物。只有那些你不熟悉的、要脱离舒适区敢于尝试和挑战的事物，才有可能给你带来本质的改变。

第 7 章

品牌力——打造品牌

7.1
↑
塑造个人品牌，要具备营销力思维

读者罗宾跟我诉说他的困扰："为什么我跟同事的能力差不多，我干的活甚至比他们还多，但是领导却把升职加薪的机会给他们，没有我什么事？"

你注意到没有，罗宾在描述问题的时候，完全从自己的主观意识出发，"能力差不多"很可能只是他的一厢情愿，是他自己这么认为而已。站在对升职加薪有话语权和决定权的上司们的角度来看，他们却不一定这么想。在上司的心目中，说不定并不觉得罗宾的能力比别人强，甚至还可能会觉得他反而不如别人，对他并没有什么特别的好印象。

进一步说，如果罗宾所在的组织机构庞大，人数众多，上司甚至都不认得他，不知道他是谁。放眼在整个行业或者领域中，罗宾就更加是沧海一粟，无人问津了。

罗宾不被升职，归根到底是因为他没有被领导认可，这跟我们去超市选择消费品如出一辙，一般人会倾向于选择自己听说过的牌子，因为那代表着质量过关，有保证。对于从没听说过的品牌，人们的心里总要画个问号。

所以，不管是在职场、生活还是消费品领域，这都反映出同一个问题——如何塑造品牌。落实到个体身上，也就是我们在第 7 章要分享的内容：高效成长模型的第七力——品牌力。
本节关注要点如下：

— 个人品牌的好处。

— 营销力思维的要素。

— 塑造个人品牌的特征。

7.1.1 个人品牌的好处

1. 什么是个人品牌

提到个人品牌，很多人会以为那是明星、大咖的事，跟自己没什么关系，自己并不需要有什么品牌。其实，这种想法是不对的，品牌和信用一样，只要别人对你有认知，无论你是否刻意经营，你都有自己的个人品牌，只是影响大小、存在感强弱、知名度好坏的区别。

个人品牌，是指个人拥有的外在形象和内在涵养所传递出的独特、鲜明、确定、易被感知的信息集合体。如果把一个人当作一家企业来看待，那么你拥有的知识、技能和经验就是你的"产品"，个人品牌就是"你"这家企业的品牌价值。想要让你的"产品"值钱，也就是让你在人才市场上得到价值提升和认可，就一定要提升你的个人品牌价值。

这就好比你在国外转一圈买了很多东西回来，发现几乎都是中国制造，类似的产品在国内以极低的价格出售，但加上品牌标签后，却以高出成本价十几倍的价格出售，其根本原因就在于商品背后的品牌价值。

所以，回到职场和个人事业发展上，如果你只是单纯拥有工作技能，有了一些工作成绩，但却不懂如何塑造个人品牌和营销自己，那就极有可能会陷入只会生产的低水平劳动陷阱，也就变成了人们口中的"职场老黄牛"：任劳任怨，低头劳作，却很难获得晋升和发展。

美国管理学者汤姆·彼得斯（Tom Peters）说过一句话，被人们广泛引用："21 世纪的工作生存法则就是建立个人品牌。职场内外皆是如此。"

2. 塑造个人品牌的好处

（1）提高自己的身价

在一家公司以及所处行业中，如果你有鲜明的个人品牌，具备恰当地展示自己的能力，在上司面前有足够的存在感，那么你能获得的好感度和好机会的概率就会大为提高。

这就好比你家房子装修时打算请设计公司，你发现品牌知名度高的设计公司，其收费会比普通的设计公司高出 20%~50%，因为品牌知名度越高，溢价的空间就越大。

（2）降低交易成本

如果你在公司中展现出了不俗的实力，口碑不错，小有名气，那么在公司选人用人的时候，可能就会有人主动推荐你。连那些已经离职的同事，有好的机会也会愿意把你推荐给猎头顾问或者用人单位。

我经常有这种经历，因为某些原因拒绝了猎头顾问推荐的机会，此时他们会客气地请你推荐其他合适的人选。我会根据这个职位的要求，把那些曾给我留下好印象的前同事推荐给他们。从这些前同事的角度来看，因为他们在以往跟我的工作合作过程中留下了好印象，有鲜明的个人品牌，所以才会促使我在离职后仍然乐意推荐好机会给他们，这在无形中降低了他们在人才市场上的交易成本。

与行业专家、商业领袖相比，作为普通人，你可能微不足道，但名人有大品牌，普通人有小品牌，只要在自己可以发挥影响力的范围内，努力让品牌发挥出最大效果，把"我"这个品牌推出去，让更多人看到、感受到，从而获取更多的信任、好感和认同。这就要求你必须具备营销力思维，拥有自我营销的能力。

7.1.2　营销力思维的要素

仔细回顾一下，其实在生活或工作的很多场景中，运用营销力塑造个人品牌，进行自我展示的情形无处不在，只不过你可能很难意识到这就是品牌力在起作用。举几个最简单的例子：

— 为融入环境进行自我介绍。

— 向领导一对一汇报工作。

— 进行口头或书面的工作总结。

— 在多人面前培训或公开演讲。

— 说服他人采用你的方案。

— 参加会议想要引起关注。

— 写邮件给领导想突出业绩。

……

除此之外，还有很多场景都涉及树立个人品牌和进行自我营销。只不过你之前只是把以上情形一件件孤立来看，并没有发现他们之间的共同点，更没有研究这些事情想要获得成功背后的主导因素——营销力思维。

营销力思维具备三个要素：洞察需求、传递价值和贴上标签。

1. 洞察需求

在营销自己之前，你一定要明确展示和营销的对象是谁？他有什么样的需求？如果你不知道这一点，那么用再花哨的方法都起不了任何作用，说白了就是做的是无用功，甚至适得其反。

举个例子。你是产品经理，新产品上市将要在公司内部进行产品介绍，但因为介绍的对象不同，演示幻灯片文件描述产品的角度和准备的内容肯定也是不同的。如果你的听众是销售部，那么你在介绍产品的时候，要突出产品的亮点、新功能、如何满足了客户的痛点和需求、与竞品比有哪些优势，以及价格、利润、促销方式等，这些都是销售人员比较关心的问题。如果你的听众是技术支持部，那么你就要重点介绍产品的具体参数和指标，采用了哪些最新的技术。如果你的听众是各部门的负责领导，那么你就要告诉他们，这个新产品在整体销售策略中的地位如何、会为公司带来的销量如何、客户反馈怎么样等。这些要点都是领导们比较关心的。

所以，如果你不知道展示和营销的对象具有不同的需求，用一套幻灯片"走天下"，就会发现对方没耐心听你讲，或者一直打断你，问很多刁钻的挑战性问题，质疑你的介绍毫无逻辑，没有切中要害，你就会变得相当被动和尴尬回答。究其原因就是人们只关心跟自己有关的问题，你的介绍完全没有洞察到对方的需要，当然无法令对方信服和满意，所以你不吃亏才怪。

2. 传递价值

在展示和营销自己、塑造个人品牌的过程中，你要思考自己能给对方带来什么？解决对方什么问题，什么痛点？提供什么帮助，什么价值？

如果你从来没想过或者根本就不知道这些，那么你的展示也只是在自说自话，仅仅完成了一个传声筒的功能，根本没起到营销自己的作用。

举个例子。你向领导汇报工作的时候，不能如同老和尚念经，自顾自地像记流水账般把你做的事情描述一遍，而是要从中提炼出你对部门或公司创造的价值。比如你可以说：完成的这项工作为公司节约了成本；或者通过这个项目，效率大大提高，节约了销售人员的时间等。另外，如果你有问题想请教领导，千万不要当"伸手党[①]"，只带着问题去，一定要带着你的思考、想法以及解决方案去向领导汇报，让领导根据你提供的信息和资料做出选择和决策，这就是我们常说的要让领导做选择题而不是问答题。

领导聘用你承担特定的岗位职责，就是让你来解决问题、帮助他填坑的，而不是让他来做你应该做的分内工作，这个关系你必须要搞清楚。如果你能给领导几套备选方案，其实是在帮助领导做了最基础的调研和分析工作，并且针对各个方案你也都给出了优劣势评判和风险的评估。那么领导在做选择或是决策的时候就很容易得出结论，你的价值就凸显出来了。

3. 贴上标签

也就是塑造你的个人形象，树立自己的人设并贴上标签，给人留下积极正面的印象。比如，你的标签可以是逻辑思维能力很强、执行力很强、细节控、结果导向、考虑问题很全面、问题解决者等。也就是说，当其他人提到你的时候，立刻会把某些优秀和独特的特质、评价跟你本人联系起来。

如果能做到这一点，你的个人品牌就树立起来了，达到了自我营销的目的。我建议你认真回顾和思考自己在职场上是否具备个人品牌，自我营销做得够不够。

具备营销力思维会让你在工作能力跟同事不相上下的时候，更加容易被人发现、记住、欣赏和认可，从而更容易获得意想

---

① 网络用语，指毫无感激之心地向别人索求东西的人。——编者注

不到的发展机遇，超越其他人，走入事业发展的快车道。

7.1.3　塑造个人品牌的特征

塑造个人品牌，要主动管理自己的大众印象，而不是被动等待别人去发掘。况且在工作和生活快节奏的今天，又有几个人愿意并且有耐心地去观察你是否有内涵，主动给你机会展示自我呢？

充分了解塑造个人品牌的六个特征，将有助于你把握如何正确地营销自我，增加个人品牌的分量。

1. 塑造个人品牌是有目的的行为

塑造个人品牌，就必须运用营销力，在恰当的场合营销自己。《软技能》一书对自我营销的解释是：学习如何控制好自己要传达的信息，塑造好自己的形象，扩展信息送达的人群。

这就意味着在营销自我的过程中，你要重点突出自己目前拥有的能力、实力或者资源，是非常符合眼前的这个机会以及对方的需求的。同时要让决定方有这种感觉：

— 认定在这方面你是专家。

— 你就是他要找的那个人。

— 这个任务交给你没问题。

— 你是最适合的人选。

如果将眼光放到个人的整个职业生涯来看，塑造个人品牌的过程，就是鼓励你积极地管理自己的职业生涯，有目的地将塑造好的"我"这个产品并主动推送给他人的过程。

这些人会因此对你感兴趣，认可或者信任你，从而愿意听你的想法和建议，给你好的工作机会，或者想购买你提供的产品或服务。

2. 塑造个人品牌的前提是自己有实力

塑造个人品牌，进行自我营销，重点要先放在"自我"上，而不是"营销"上。你首先要对自己的实力有一个客观的认识和评价，如果能力还不够，实力还有差距，那你此时应该将精力放在先扎扎实实去打牢基础和提高实力上。但如果你忽视了自我实力，只记得营销，那就是本末倒置，失去了焦点。道理很简单，既然是营销，总要有商品能拿得出手，如果这个商品根本就是质量不合格、不过关，那只会是营销得越多，亏得越多。所以，没实力的人不管如何展示和营销自己，最终只能是人设翻车，事与愿违，令人贻笑大方。

很多人仍然记得演员翟某某的例子。作为演员，本来大家关注的是他的形象和演技如何，对他的学历或成绩怎么样其实并不太关心。但翟某某偏偏要炫耀自己是学霸，结果没多久就被曝出其学历造假，人设瞬间崩塌，这车翻得比翻书还快，赚足了大众尤其学生对他的仇恨，亲手断送了自己的职业生涯，是没实力的自我营销的典型反面教材。

3. 塑造个人品牌会令优势持续积累

马太效应告诉我们，在资源的分配上"贫者越贫，富者越富"的现象十分明显：富人享有更多的资源、金钱、荣誉，以及更高的地位，而穷人却变得一无所有。这就意味着人们习惯于把资源分配给那些更善于利用资源的人，而那些不善于利用资源的人，其手上的资源往往会越来越匮乏。

这个原理用在塑造个人品牌上也是如此，它不是一蹴而就的过程，具有时间的持久性。所以，你一旦在某方面获得成功和进步，就拥有了积累优势，接下来会获得更多人的关注和认可，收获更多的发展机会，取得更大的成功和进步。

所以，在营销自我的过程中，你要有意识地去识别和发现哪些场合或者机会对你非常重要或关键，那么你就要为此做好最充分、最完美的准备。把每一次机会都当作一个极为重要的任务去完成，并做出最为精彩的亮相和展示。

当你持续地去做的时候，别人对你的印象也会从一开始的不熟悉或者模糊，到慢慢了解、发现和看到你的能力，进而喜欢、欣赏和信任你，你的个人品牌就立起来了，自我营销的使命由此顺利完成。

4. 塑造个人品牌要展示未来发展的潜力

在营销自我的过程中，你不单单是展示过去做过了什么业绩，取得了什么样的成就，你同样可以向对方展示你未来同样具有巨大的潜力，打动对方不断给予你支持、帮助、机会和资源。如此一来，议价的主动权自然就到了你手里，不是吗?

比如，你在跟领导谈升职加薪的时候，就不能一味地呈现你过去做了什么，这样做不一定能打动领导，说服的效果不见得令你满意。但如果你能说明一旦自己得到提拔，被赋予更大的职责，那你未来可以为他分忧解难，能为部门和公司创造多么大的价值，会做出多么大的贡献，相信领导对此会非常感兴趣，也容易打动他，那么你成功的概率也会大为提高。

5. 塑造个人品牌要尽量抢占先机

我曾经看过这样的一个观点，感觉很认同:"决策的速度，对成败的影响不亚于决策的质量，甚至更重要。"

在决定决策成效的因素中，决策速度往往成为关键。因为即便是再正确的决策，若没有及时执行，最终都会丧失绝好战机。塑造个人品牌、进行自我营销的过程，何尝不是如此? 如果你能在恰当的时机，向正确的对象及时地展示和营销自己，尽管可能也存在漏洞或不足，并不完美，但那一瞬间的勇气和行动，却很可能使你获得难能可贵的机会。

有位学员曾经跟我分享过他的一个经历。他在公司是中层干部，有一次集团领导来视察工作并召开员工大会，本来他做好了准备，想在大会上提问发言，以引起集团领导的关注，但在观众发言环节，他当时担心自己的问题不够完善，就没敢第一个举手，心想先等前几个人说完，自己再发言也不迟。结果当天因为时间所限，集团领导只回答了一个员工的提问就匆匆离开会场，而他也就丧失了这样一次展示自我的宝贵的机会，之后很是懊恼和后悔。

6. 塑造个人品牌，一定要由你来掌控和影响

你留在别人心目中的印象，都是由自己呈现出去的，所以在呈现的时候，在不同的对象面前，你所呈现出的形象特点和魅力也要有所不同。

有的人喜欢发微信朋友圈，但对其发送的内容从来没整理过，更没有用心规划过，经常间歇性地发一些毫无意义的图片，或者几个伤春悲秋的句子，甚至发负能量的牢骚，这就无从谈起塑造个人品牌。

你的三餐吃了什么？参加了哪些派对？过什么样的生活？展示哪些个人观点？其实这些晒的都是个人品牌。别人会根据你晒的内容来判断你是个什么样的人，处于什么阶层，你的价值观是什么，要不要跟你交往或是深交，要不要信任或者重用你……所有这些都来自你晒的信息。

综上，塑造个人品牌的关键点在于你是否能提炼出自己身上的特色、特长以及独特点或者优势。

当你的工作技能不断得到提高，工作业绩也表现得优秀之际，就要开始树立塑造个人品牌、进行自我营销和展示的意识，并掌握相关技巧，比如学习提升曝光率，学习展示、汇报、表达、沟通、写作以及链接人脉的技巧等。

在多个场合抓住各种机会，有策略性地、有技巧性地让上司和决策关键人知道你做了哪些事，产生了哪些效益，让他们认识到你很重要，你的能力很强，这比你单方面认为自己能力

强更为关键、更有价值，也更有意义。

7.2

↑
职场内如何打造强有力的个人品牌

在 7.1 节中，我们强调塑造个人品牌的关键点在于你是否能提炼出自己身上的特色、特长以及独特点或者优势。这其实跟我们去选择一款牙膏的道理一样，有的牙膏的功效主打防龋齿，有的是美白，有的是抗过敏等，其实这些牙膏的成分都差不多，最大的区别就是各自的"提醒剂"不同。

什么是"提醒剂"呢？比如：防龋齿的牙膏，厂家会说其中含氟，那就是在提示你它可以防止蛀牙；而含有珍珠粉的那一款，就是在暗示你它可以美白等。所以一看到这些"提醒剂"，消费者的注意力会不自觉地被勾起，可以满足各自不同的需求。

一款普通的牙膏，其实就好比一个各方面综合能力虽然合格，但却缺乏特长的人一样，很难引起别人的注意，更别说被他人记住。所以你只有把大家的注意力聚焦到你身上最受欢迎的一个特色、优势或者需求上，就能打造你的个人品牌，将自己成功地推出去。

让我们回到职场内，如果你的综合能力没太大问题，但你所在的组织非常缺乏具有很强沟通能力的人，那么你如果想脱颖而出获得关注，就要强调自己是个沟通高手；而如果单位里比较缺少执行力强的人，那你就要去强调自己的执行力很强。

当你宣传和展示了多次之后，给别人留下了深刻的印象，那么当公司有更多沟通或执行力方面的需求时，下意识地就会想到你，那么你锻炼的机会就变多了，这样你也就有了个人品牌。

这一节我们将聚焦在职场内部如何打造个人品牌，重点是如何提高自己的职场曝光率，如何优雅地营销自己。

— 什么是职场能见度？
— 如何提升职场能见度？
— 打造个人品牌的误区。

7.2.1　什么是职场能见度

可以说在打造个人品牌之路上，提高自己在职场上的能见度是非常重要的。因为如果你是"隐形人"或者处于组织中的边缘位置，别人连"看"都看不到你，何谈对你的优势、特点记忆深刻呢？

全球顶级猎头与组织咨询公司光辉国际（Korn Ferry），在一份报告中得出如下的结论：对员工来说，成功的关键包括 PIE 三大要素：专业表现（Performance）、个人形象（Image）、职场能见度（Exposure）。

（1）P：真正的专业表现，占比10%；

（2）I：个人形象，占比30%，不是长相，而是专业能力呈现出来的状态，是专业形象；

（3）E：职场能见度，占比60%，有多少人知道你、了解你、认可你。

其中，职场能见度的所占比重为60%，这在某种程度上意味着职场成功的关键，很大程度上取决于你的"能见度"。所谓能见度，顾名思义就是在职场中，领导能不能看见你，能不能了解你，能不能在关键的时候想起你。从这个角度来说，它考验的不仅是你的工作做的好不好，更是考验你是否懂得醒目却又不刺眼地在关键时刻亮出自己，该亮剑的时候必须亮剑。

我在进行私教的过程中，经常碰到学员遇到如下困扰：

—— 为什么能力不如我的人会被提拔？

—— 有新的机会时，为什么领导很少考虑将我作为候选人？

—— 为什么我经常感觉自己在办公室被"边缘化"？

—— 为什么领导总会莫名其妙地问我："你最近在做什么？"

—— 我做事认真，任劳任怨，却为什么无法获得领导的信任？

这些困扰背后的原因到底是什么？是职场能见度。

我想也许你也有跟我的这些学员相似的困扰。那我不得不说，不管你们自认为能力多强，工作做得多好，也必须接受这样一个事实：自己太缺乏职场能见度了。你们中的有些人在领导心目中，甚至已经变成了可有可无的人。

如果你跟其他同事相比，表现得过于平庸，没有突出亮点，上司自然看不到你的能力水平，不认可你的工作成绩，那么在升职、加薪、晋升等好机会出现时，上司就不会将你作为考虑对象。

有句英文给出了最直接的回答：Let the boss know how much you've done. 它的意思是，要让你的老板知道你做了多少工作。你可能觉得很委屈，认为并不是自己的工作不够出色，而是运气不好，没遇到伯乐，上司有眼无珠，偏听偏信，无视自己的存在，只爱听那些阿谀逢迎的小人的好话。

当然，我们不能完全排除这种情况的存在。但扪心自问，你是否经常有意识地在领导面前展示自己的工作进程和成果，表现出自己是个有想法、有能力的人？或者是不是你表现的方法有问题？

如果你认为是领导不公平，没有主动去发现你做的工作和你过硬的业务能力，这并不客观，真正的原因是你没搞清楚领导的职责所在。领导通常不会主动去搜寻"所有"员工的业绩，他要追求最大化的价值，实现整个部门的 KPI。

站在上司的角度来看，他认可和提拔下属的主要思路是什么呢？基本包括如下三个方面：

— 你是谁？你在哪个部门？

— 你做过什么？你是否有潜力？

—　你比别人强或是比别人好在哪里？

—　我为什么要提拔你？

显然，这里的核心是要让领导了解你。如果你在领导和上司面前没有曝光度，没有存在感，他们根本无法对你进行深入了解，更何谈对你产生信任和赏识呢？另外，领导每天日理万机，很难有时间去认真了解每一个员工，尤其当你在一个人数比较多的部门时就更加不可能了。那么你又怎么能指望在加薪升职时，领导会立刻想到你？在规模较大的组织里，说不定他连你是谁都还不知道。

但反过来说，如果领导不仅记住了你，并且对你的某个观点或工作成果非常欣赏，那这种印象将会伴随他很长一段时间。显而易见，和那些在他心中印象模糊的人相比，你未来的机会一定会更多。

假以时日，当部门出现提拔晋升的机会，或者委任下属承担重任时，领导在脑海中会快速搜索一遍部门人员名单，只有那些他不仅认识，而且充分了解其为人和工作表现、对其认可和信任的人，才会进入他的候选人名单，那么你会在这个名单中吗？

所以，我们要努力让自己具备足够的职场能见度，其最终意图就是让自己付出的努力和工作业绩能够被领导看到并认可，让自己能在领导的脑海里留有一席之地，并进入其晋升候选人的梯队清单中。

如果不懂或者忽略职场能见度对塑造职场个人品牌的重要

性，那就是在空谈个人品牌。这跟普通商品建立品牌知名度是一个道理，"酒香不怕巷子深"的年代早已过去，就连那些闻名中外的奢侈品品牌，也需要投入重金邀请大牌明星不断加以宣传和提高曝光率，从而赢得消费者的好感和信任。

7.2.2　如何提升职场能见度

在领导眼里，没有职场能见度基本就等同于认为这个员工没有影响力，所以对于他未来晋升后可以创造更多价值这件事，领导并没有信心。可见，提高职场能见度，让自己"被看见""有存在感"，进而"被欣赏"，对于想要塑造个人品牌，在职场上获得更多晋升机会的人来说，十分重要且紧迫。

下面分享七个方法和途径来提升你的职场能见度。

1. 主动抛头露面

要留心那些能展示自己能力的场合或机会，珍惜每一个营销自己的机会，为每一次精彩亮相做最充分的准备。比如，在一次会议中做有准备的发言，牵头某个跨部门协作的任务，组织一次集体活动，写一份工作总结和汇报，跟领导一对一面谈，帮领导解决某个棘手难题等。

总之，只要你有了塑造个人品牌和营销自我的意识，就应该留心任何一个可能提升职场能见度的机会，牢牢抓住它，并将自己的实力发挥到极致。

2. 注意穿着和形象

要重视自己的外在形象和衣着打扮，比如服饰穿着、鞋帽、包、配饰、发型等，提升他人对你的好感度。这些都代表着你是怎样的人，你的品位如何，你的价值观如何，它们都在默默地传达着你的信息。

尤其在当下这个快速发展甚至浮躁的社会，真的没有人会有那么大的耐心，通过一个人邋遢的外表，去发现其隐藏的高贵心灵和灵魂。

你想塑造什么样的形象，那么你的穿衣打扮、言谈举止就要呈现这样的形象。比如你想让自己看起来很职业，有专业技能，值得信赖，那么你最好选择职业装而不是泡泡裙和太多随意的休闲服。同时，要做到得体大方和符合时宜，在不同的场合要注意穿着合适的服装，而不是在任何场合都穿同一套衣服。外在形象要符合身份、区分场合、扬长避短、遵守常规、讲究整洁。

你的衣服穿着首先要考虑公司的大环境和文化氛围。通常而言，级别越高的人，在职场上的着装越是正式。仔细观察你们公司的领导是怎么穿着的，向他们靠拢，而不是模仿级别比你低的同事。

3. 勇于发言，不甘人后

开会的时候不要偏安一隅，当隐形人，要敢于发言。当然你不应该是为了发言而乱发言，如果内容没有价值、语无伦次、逻辑混乱、缺少重点，那么发言越多，反而越适得其反。

建议你在开会之前对会议内容多做功课，比如思考和琢磨这个会议的主题是什么，要解决什么问题，你有没有好的提议等。有了这样的准备，在开会期间，你就可以更加自信地针对相关议题发表观点。

不一定要等自己的想法完美无缺时才发言，在某些方面想得不全面或不周到是很正常的，只要大的方向不出错，勇于发表自己的观点总会受人欢迎。想要在会议中通过发言来展示自己，这就倒逼你要提前多做功课和准备，掌握发言和演讲技巧，学会简明扼要地概括观点、提炼工作亮点等，这些都能促使你不断地学习和进步。

4. 主动汇报工作，秀出成绩

即使你不主动找领导汇报工作，领导可能也会找你，但是如果等到领导找你询问工作进展的时候，未免显得太过被动。而一个下属是否主动，恰恰是领导在考虑升职时非常看重的一点。

当然，除了正式汇报，我也鼓励你跟领导做一些其他的非正式汇报，比如在餐厅、过道、办公室、会议间隙、茶水间等场所进行简短汇报，或者聊聊领导的爱好、行业最新动态和一些社会的热点等，都能增加领导对你的印象。

要注意避免两个极端，一个是事无巨细，什么都去找领导汇报请示，那样只会让领导觉得你没有主见，且不想承担任何责任，不堪大用；另一个极端是，只会埋头苦干却从不主动汇报，这不仅会让领导在心里打鼓，也难免会让自己吃力不讨好，不被领导喜欢。

当工作项目进展到重要阶段时，务必要向领导主动汇报，并随时报喜，及时告知结果。如遇到困难，你要提供两个以上的解决方案给领导，请他帮忙定夺，这时领导有什么理由不赞赏你的执行力呢？

和领导进行正式的或非正式的交流，不仅能在领导面前刷存在感，更是你们彼此了解和建立信任的前提。

5. 跨部门合作

牵头一个跨部门合作的项目，需要规划、协调和推动很多事情，还要不断跟进和提醒其他部门在规定时间完成工作或任务。这些同事大多和你不在一个部门，也不向你汇报，他们手上还有很多其他工作，这个项目并不在人家的优先级清单上，可能他们就不会那么全力配合，因此工作推动起来并不容易。这也是为什么不少人一听到领导要布置跨部门合作的工作，第一反应是"领导又来找免费劳动力了"，恨不得找个地方躲起来。

其实，跨部门协作看似吃力不讨好，但却可以让你有机会走出本部门，和许多其他部门的同事、领导一起工作，这对提升你的职场能见度大有裨益。跨部门合作能锻炼你的沟通和协调能力、项目管理能力和执行力。你在合作中学习和掌握的这些技能、积累的经验以及锻炼的能力，是只做单人工作和限于部门内的工作无论如何都学不到的。

所以，一旦遇到这种跨部门的任务或项目，建议你一定要努力抓住机会，主动承担牵头人的角色。因为通过这种锻炼，既能加深自己对业务的了解，也能结识更多的人脉，扩大自己在组织中的影响力和提高职场能见度，从而有机会得到更多上级领导的关注，为自己未来的发展奠定基础。

6. 在团队中脱颖而出

提高职场能见度，你要让自己在部门中脱颖而出，这样在未来的晋升机会中，领导才可能将你作为潜在的提拔对象。反过来，如果你跟其他人相比，各方面都没有突出的优势和亮点，将很难得到好的发展机会。

如何脱颖而出，建议从以下几方面入手：

— 提高自己的业务水平和能力。

— 提高工作效率和做事标准。

— 深入了解领导的性格和意图。

— 建立与其他部门同事之间广泛的合作关系。

— 协调和整合资源，推动任务向前走。

— 主动承担任务，帮领导分忧解难。

机会和挑战并存，不要害怕接受那些复杂性高、压力大的工作，做这样的工作更能促使你不断学习和提高，并逐渐扩大自己在团队中的影响力和能见度，让自己脱颖而出。

7. 充分展示领导潜力

站在领导的角度来看，若是要提拔一位下属，那个人必然是他觉得有发展和培养潜力的人，是可用之才。这个候选人除了业务能力没问题，还有一个特别重要的考量标准，就是这个人是否具有一定的领导才能。

如果你缺乏职场能见度，不懂营销自己，在团队中可有可无，展现不出领导力，无法推动项目前进，跟同事之间的配合也乏善可陈，那就无从谈起具备领导力。

领导心中有杆秤，随时会对部门员工的能力和水平进行评估，一旦你的领导潜能展示了出来，在他心目中就会为你加分，相信你比其他人更有潜力，未来当然更愿意提拔你；但如果你完全没展现出来领导潜质，那就只能靠边站。

如何展示领导力呢？你可以参考以下方法。对于工作的方方面面，你掌握了更全面的信息；经常主动为其他同事提供帮助；不遗余力地协调多方资源，积极推动项目向前发展；遇事冷静不急躁，沉着应对，不被情绪所左右等。

7.2.3　打造个人品牌的误区

梳理了提高职场能见度的方法，我还要跟你澄清三个在打造个人品牌认识上的误区。

1. 跟领导走得近，就能获得领导的信任吗?

在跟领导走近之前，请你先问问自己：领导对你有什么期望？他对你的工作有什么要求？在他看来，当下哪些工作最为重要？你取得了哪些工作业绩？想展现自己哪方面的能力？

如果你对此从未认真思考过，或者根本就没有答案，那么我建议你不要贸然行事。只懂拍马屁，并不能换来长久的信任，你也只会把自己的劣势以及弱点完全暴露在领导面前，反而让他看清楚你能力欠佳，暂时还不能委以重任。所以，没有准备、没有价值地跟领导走得近，并不能获得对方的信任。

2. 主动承担挑战性工作，领导就能刮目相看？

愿意主动去承担挑战性工作，这一点没错，但有个重要的前提，就是你能客观衡量和评估自己的能力水平，这是需要真正的实力做支撑的。领导需要的人才，是那些有意愿接受挑战，并且有能力、有把握把事情做好的下属。所以，若是你能力不足，连自己的本职工作做得都马马虎虎，那么就算你承接下了有难度的工作，到头来却无法顺利完成，甚至还有可能会好心办坏事，结果只能是适得其反，领导又怎么会对你刮目相看？反而是再也不敢让你独当一面，对你的印象大打折扣。

3. 提高在公司内部的能见度，不用管公司外部？

除了内部的职场能见度，还要提醒大家注意，在公司外部也一样要提高自己被看到的概率。比如：

— 如果你是一名程序员，可以多在一些技术论坛上发表作品，认识业内大咖。

— 如果你是一名运营人员，可以运营自己的个人公众号，对自己的作品、运营心得进行深度分享和传播。

— 如果你是一位人力资源从业者，可以多参加一些所在行业的论坛、峰会，这样既能帮你认识更多的人，为你公司的人才库增加候选人，也通过这些活动提升你的专业知识和素养等。

扩大自己在公司外部的视野和交际范围，不仅能提升你在公司内部的价值，也能帮你找到未来的新机会。一旦你在行业内建立了影响力，公司也会更加珍惜你的市场价值。

综上，上司并不是完全看你上班有多准时，工作有多认真，这些本来就是一个靠谱员工应该做到的。想要让上司认为你更有价值、更值钱，就要树立起强有力的个人品牌，提升自己的职场能见度，同时多去挖掘自己的高价值区域在哪里。不要忘了，做好工作是一种能力，能让人看到你的工作成果更是一种能力。

7.3

↑

职场外如何树立个人品牌，探索多重身份

我们讲过，个人品牌是指个人拥有的外在形象和内在涵养所传递的独特、鲜明、确定、易被感知的信息集合体。上一节

重点介绍了如何在职场内部塑造自己的个人品牌，这一节我将跟你分享职场外同样要树立和打造个人品牌。

在电视和纸媒为主的年代，只有社会名人才能通过传统媒体去展示自己，扩大自己的影响力和声望，普通人想要通过这些媒体建立个人品牌的可能性可以说非常之小。然而互联网和社交媒体的崛起，把这个门槛降到了零，所有人都可以在网络上发声和露脸，树立特定的人设和标签，让更多的人知道和了解自己，从而扩大影响力，形成鲜明的个人品牌。

这也给普通人一个新的契机，能在工作之余利用互联网的便利性，在社交媒体上分享和传播专业知识、行业经验、特殊技能、观点评论和展示才艺。打造个人品牌能帮助你更准确、更有效率地表达自己并与他人进行沟通，能协助你更容易地获取资源。

此时你并不需要非常出名就能吸引和聚集一批认同和支持你的人，或者说粉丝，他们追随你、拥护你，你对他们产生了广泛的影响力，这样你就成功地在职场外树立起了自己独特的个人品牌。本节内容要点如下：

— 如何设定个人定位？

— 扩大个人影响力的四个步骤。

— 如何快速展开个人品牌之旅？

7.3.1 如何设定个人定位

1. 什么是个人定位

打造个人品牌之初，要找到自己的擅长和优势所在，寻找自己的价值宝藏，同时也要符合市场需求，这就是寻找并设定个人定位的过程。

你可以自问这样几个问题：

— 你打算塑造个人品牌的哪个领域？这是不是你自己最拿手和擅长的？

— 这个领域是不是你有兴趣、热爱且能持续做下去的？

— 这个领域有没有潜在的市场和用户？他们是否对此感兴趣？这是不是他们需要的？

将这几个问题想清楚、回答好，你就知道了自己的价值所在。拿我自己举例，我在打造个人品牌之初就定位在个人成长和职场领域，这就是找到了我的优势和擅长之处。

为什么这么说呢？因为我在职场打拼这么多年，积累下来很多落地实操的一线实战经验，掌握了许多晋升和发展的关键方法和技巧，深知如何培养和锻炼职场的核心竞争力。而这些对于那些对未来发展感到迷茫的人来说，是非常有价值也非常宝贵的，能帮他们少走很多弯路，实现职场进阶。

做好个人定位以后，下一步就要开始输出这个领域里的内容。互联网有句话叫：分享即所得。如果你能不断分享内容，提供价值，就可以吸引对你的内容感兴趣的用户，获取一定的流量，并持续扩大自己的影响力。

我在选择了个人成长和职场领域后，开通了微信公众号"职场木沐说"，作为自己的职场干货知识分享和传播的平台。于是我不断地撰写和发布原创文章，慢慢吸引了越来越多的职场人士关注并订阅这个公众号，从中学习如何提高能力。而我的文章也因为是高质量的原创内容，被不少大的公众号比如人民日报、光明网、共青团中央等转载，这也进一步提升了我在职场领域的影响力。

谈到这里，你可能会产生困惑，觉得自己就算了解和懂得某方面的知识、内容、技能或是经验，但"太阳底下没有新鲜事"，这些内容大家都知道，自己并没有创造什么新理论、新观点，又怎么会吸引他们、引起他们的兴趣呢？

其实并非如此。某些领域的内容或知识，就算有一部分人已经很熟悉、很了解，但在另一部分人的眼里，仍然是非常新鲜且稀缺的。"弱水三千，只取一瓢饮"，你就是要把这一部分人找到，他们才是你的目标用户。

想一想，最初你是不是也曾花费了巨大的时间和精力去学习和探索这些知识，付出了很多的实践才积累出目前的方法、知识和经验？此时此刻总会存在一些人，他们正处于你初期探索的困境，不知所措，但如果你能在这个时候将自己总结的经验教训分享给他们，帮助他们走出困境，他们是不是会非常受益？是不是会对你的分享非常感激？而你只是通过分享内容或者说作品，将你的目标用户找出来而已。

当然，一定会有人说你分享的这些内容他早都知道，或是对你的分享不屑一顾，你也不必太过在意或为此失落。这可能是因为你所分享的内容质量的确还不够优秀，但更可能是因为这类人本来就不是你的目标用户，你又何必为此沮丧呢？

我在辅导学员寻找个人定位时，学员"煎鱼"想要将自己定位在"理财达人"上，但是又显得信心不足，觉得自己不是网络理财大咖，自己只是在个人理财方面有些心得，担心别人不信任自己。了解到她的工作本身就与金融相关，并且自己过往也有不错的理财成绩后，我鼓励她不要放弃这个定位，虽然她的经验、背景和知名度暂时还无法跟那些知名的理财大咖相比，但她可以思考一下哪些人群是自己的目标用户，比如那些完全不懂理财的人。对于这些新手来说，"煎鱼"能分享出来的经验会更加接地气，也更有针对性。

于是，"煎鱼"就把目标用户锁定为理财新手，这也就意味着她输出的内容也要聚焦在如何帮助新手开启从 0 到 1 的理财之路，而不是一上来就分享如何实现颇有挑战性的理财赢利目标。

2. 个人定位的特征

个人定位要符合三个特征：真实性、一贯性和动态性。

（1）真实性

在寻找定位的过程当中，要从自己的实际情况出发，做到知行合一。比如，如果你的个人定位是阅读高手，能教会大家如何进行高效阅读。但真实情况是你基本不看书，或者很少看书；或者你想做一名写作教练，教大家如何开启写作、如何出书，而实际上你从来没出过书。这两个例子都不具备真实性，案例中的人并不具备这方面能力，没有做到知行合一。

做真实的自己，分享真实的经验是最容易的，而如果你为了迎合受众，就去拷贝别人的定位或者模式，刻意打造某种人设，很辛苦也难以持续，更会出现人设崩塌，口碑断裂的情况。

我定位在职场和个人成长领域，从真实性的角度来看，我在 500 强公司担任过高管，有多年的团队管理和向上管理经验，自己也是从新手开始一路打拼和升迁的，所以我对于职场人士的困境和苦恼非常清楚，也有自己的成功经验。因此我的个人定位符合真实性的特征。

但这也不是说在你所定位的领域，你告诉大家的方法和技能一定要 100% 全部都做过，每一件事的流程你都必须经历过，才能给自己设定这方面的定位。如果现阶段你还没有完全做到，但已经开始做了大量研究，并亲自总结出了实用的方法或技能，当然也是可以分享给目标受众的。比如你在早教机构的一线工作多年，经常跟小朋友打交道，对于如何处理跟孩子相处的问题有丰富的经验。虽然你此时还没有孩子，但其实并不影响你在打造个人品牌时，给自己定位为"早教达人"。

（2）一贯性

在个人定位的领域，你所有传递出来的形象、观点和价值观要前后保持一致，不能前后矛盾或者缺乏内在逻辑，否则会给人留下混乱、模糊和自相矛盾的印象。

　　一贯性是检验一个人设定的个人品牌和定位是否真实的最直接的工具。你想把什么形象和信息展示和传递给别人，那么就请保持一致地做下去。比如对于我来说，从小到大，我在学习、工作上就是一个刻苦努力、主动积极、追求上进、绝不言败、不被动等待的人。那么我在输出文章、撰写朋友圈文案、做课程或者写书的过程中，就是在展示自己这个真实的形象：一个热衷于个人成长、不断突破舒适区、敢于挑战新事物、帮助年轻人进步的知心姐姐。我只要去输出真实的、相关的、一致性的内容，就有利于我持续打造这样的个人品牌。

　　但如果你给自己的定位是"时间管理达人"，但却时不时地在社交媒体或者平台上发一些自己睡懒觉、无所事事的懒散形象和语言，就会让别人觉得你完全不懂如何高效管理时间，从而失去对你的兴趣和信任。

　　（3）动态性

　　个人定位确定下来以后，也不是永远不能更改，它是可以进行动态调整的。

　　有的人希望把自己未来十年的个人定位都一步到位地想清楚，这其实大可不必，我们做任何一件事情都很难做到一蹴而就。越是想一劳永逸地实现目标，越会发现自己可能距离它越来越遥远。

　　动态调整的意思是你可以先给自己设定一个定位，然后随着能力的提升，以及探索范围的变化，如果有必要，可以对这个定位进行适当调整。比如，如果你目前给自己定位成"理财达人"，后来你结婚生子，在养育孩子的过程中积累了很多育

儿方面的先进理念和实用方法。你想把这些内容分享给其他的
新手妈妈。那么在个人定位方面，你可以去思考，是延续此前
的"理财达人"定位，还是在"理财达人"之外，新加入"育
儿达人"这个定位？还是说经过慎重考虑，你打算放弃理财领
域，专心做育儿这个领域？

个人定位之所以如此重要，是因为那些找准了自己的定位，
将自己的能力、优势或者兴趣点匹配到位，并在此领域长期聚
焦并进行深耕的人，往往更容易取得成功。

7.3.2　扩大个人影响力的四个步骤

梳理和打磨好个人定位后，下一步就是要输出内容，实现
个人影响力的增长，持续扩大影响力。这个时候要遵循四个步
骤：分享内容、输出作品、传播作品和知识变现，它们同时也
是你打造个人品牌必不可少且需要持续去做的动作，贯穿于个
人品牌建设的整个生命周期。

这四步帮你走通了一个完整的个人品牌闭环。当然，如果
你在这个领域已经小有成就后，也可以跨界到其他领域。每多
一次成功的跨界，你的个人品牌影响力就扩大了一层。

下面针对扩大影响力的四个步骤分别解释一下。

1. 分享内容

个人定位明确后，紧接着要思考分享什么样的内容才符合
自己的定位，能满足目标用户的需求，或者帮他们解决问题。

这里你需要思维意识的转变，要敢于在公众面前表达和传播自己的知识、经验、理念、想法或价值观，而不是闷声不响，被动等待别人来发现你。

你不仅要敢于表达自己、分享内容，还要持续去做这件事，千万不能三分钟热度，头脑一热一天恨不得发 100 条内容，而接下来却一周连一条都没发。只有高质量、高频率地持续分享，用内容"喂养"你的用户，布下"内容之网"，用户才有机会慢慢地认识你，知道你是谁，对你的内容认可并喜欢，甚至加深信任度，不知不觉地围绕在你身边。缺乏用户的信任，你对他们当然就没有影响力，无法和用户产生连接。

举个例子，你喜欢和倡导健身理念，把自己定位成一位"健身达人"，不但每天坚持健身训练，还乐于在朋友圈、微博或其他平台分享自己的健身图片、心得体会、方法步骤以及活动进展，并发起了"每天健身半小时"的倡议，鼓励更多人开始行动。只要你能持续分享这方面自己原创的文字、图片和视频，那么时间久了，你的"健身达人"的形象自然就树立起来了。

对于普通人来说，并不需要你在某个领域有多么深的造诣，取得多么大的成就，只要在你目前掌握的这个程度上，不断地去发声、分享和展示，持续输出优质作品，就有发挥个人才能的空间和可能性，能持续不断地影响更多的人。

当然，即使你在这个领域已经崭露头角，也需要持续不断地向外分享和传播，这样才能稳固你的地位，个人品牌效应不断放大。

2. 输出作品

作品是你和这个世界连接和沟通的重要媒介。打造个人品牌，输出作品是不可或缺的一环，要相信作品的力量，通过作品的分享和输出，别人才有机会了解你这个人以及你的观点。

那么，什么是作品？作品是代表你自己的观点和想法，是为了更有效率地进行自我表达。作品是不是只能是文章？当然不是。在某个领域，只要你对自己做出成果的事情进行结果性的描述，那么它就可以成为你的作品，比如文章、文案、照片、画作、案例、视频、音频、课程、书籍、稿件、幻灯片、发言稿、社群聊天记录等多种形式。

对同一个内容和素材，采用什么介质，运用什么形式能更恰当地展示你的观点、你的技能，更能增加别人对你的信服感，那么你就采用什么。同时注意在不同的平台，如果想得到更多人的欣赏和传播，需要根据平台的属性和特点，对作品的内容和形式进行设计和规划。比如抖音、小红书这些平台主要是短视频内容，你要想在这些平台上面分享和发布作品，就要做成视频的形式，而不是文章。

是否拥有自己的作品，是打造个人品牌之路上的一个里程碑式进展，而作品的质量和传播度，则成为个人品牌影响力的边界。

3. 传播作品

有了自己的作品以后，你可以选择在某个平台进行深耕，也可以选择在多平台进行传播，让更多的人知道、了解和信任你。

现在虽然很多平台都可以发布文字和视频，但侧重点有所不同。比如微信公众号、豆瓣等主要以发布图文为主，今日头条、微博等以发布图文和视频为主，微信视频号、快手、抖音、小红书、B 站等以发布视频为主。

在这些平台开始发布作品其实非常简单，只要下载它们的应用程序，并注册账号就可以了。不过我建议你在正式发布作品前，多去看一些前人总结的运营攻略和注意事项。因为每个平台的运营规则、作品的风格和偏好、用户属性、阅读及观赏习惯都不尽相同，为了能获得更多关注和流量扶持，你要根据平台特点、要求以及实际场景来创作和输出作品，让作品能用最恰当的方式代表你来发声，从而吸引人们来关注作品和你。

当你在这个领域持续输出优质作品后，会渐渐为你带来粉丝、合作方以及媒体的关注，这样可能会获得更大的曝光，带来更多新机会。当然，不要期待你的作品会得到所有人的喜欢，任何价值都只能得到原本就欣赏它的人的认可，你只是通过作品把这样的人找了出来，和他们产生连接。

4. 知识变现

当你的作品传播出去，不断获取流量并积累粉丝后，就可以实现某种形式的知识或服务变现。比如达到平台的要求后，你会收到稿费、图文赞赏、阅读量收入、付费栏目或课程收入，以及咨询或私教服务收入等。

比如我，很多付费学员来自我的微信公众号和其他平台，他们看过我的各种作品，对我产生了信赖，于是主动付费，购买我的书籍、课程、咨询服务，以及一对一辅导，请我在职场和个人发展上随时给到他们方法和建议，让他们少走弯路，从而提高进阶的效率和成功率。

想要实现知识变现最为关键的仍然是内容。高质量和吸引人的内容，才会给你带来更多人群的关注，同时获得平台的推荐和支持，这样随着你的影响力持续扩大，变现才能成为可能。

7.3.3　如何快速展开个人品牌之旅

这部分我将跟你分享如何通过搭建人脉关系，快速开展个人品牌之旅。如下三种方法和途径供你参考。

1. 参加课程

结合你对自己的个人定位和发展规划，选择参加一些跟个人品牌主题相关的课程或者训练营，系统地学习理论知识和实操技能，观察和研究成功人士是如何开始以及如何入门的。

当然你也可以进行主题阅读学习，购买几本相关书籍，集中进行阅读和学习，快速掌握核心理念和方法。

2. 找到榜样

在你定位的领域找到你要学习的榜样，通过各种形式跟他进行链接，比如参加这位老师推出的课程，最好是社群形式的训练营或线下课，也可以付费预约，跟这位老师进行一对一的深度咨询或得到他的亲自辅导。这样你就可以近距离了解这位老师的个人品牌发展历程、他如何开启个人品牌之路、走了哪些弯路、总结了哪些经验和教训、有什么落地可行的方法、对你有什么最直接的建议或者指导。

3. 链接导师

如果有机会，你可以申请成为大咖导师的助手或作为志愿者参与其组织的活动。在服务大咖老师的过程中，努力观察他是如何运作个人品牌项目的，是如何进行布局和操盘的。用自己的能力得到大咖老师的信任和欣赏，也许能彼此长期合作，不管你是跟着老师一起工作还是后面去开辟了自己的新天地，有了跟导师近距离接触积累下来的经验，必然能助力你迅速启动自己的个人品牌打造工程。

4. 加入圈子

进行个人定位后，如果你非常明确自己的目标用户是什么群体，那么你也可以加入线上或者线下的相关组织和社群，也就是加入你未来潜在用户的群体或圈子，先行积累人脉和资源。当你未来有条件进行知识变现时，你可以把这些人转化为你的付费用户。比如你给自己的定位是"健身达人"或者"减肥教练"，那么你可以去参加健身、塑身爱好者的社群，了解他们的需求和痛点，并去分享自己的健身和减肥心得，这样别人就会对你产生兴趣，想要进一步跟你请教和学习，未来就有可能转变为你的付费用户。

综上，当你在职场内不断获得进阶，实现个人价值之余，我建议你开始尝试在职场外寻找到属于自己的个人品牌和定位的起步点，结合自己的兴趣点、优势和强项，在互联网的广阔天地下开辟出一块自己新世界，让自己成为一个有影响力的人，将自己的价值放大十倍、百倍。

但是，千万不要以为自己今天注册了一个平台账号准备开始打造个人品牌，明天你就会成为网络红人。大部分人想要做出点成绩，都需要脚踏实地，用作品汇聚出口碑，一点点地进行沉淀和积累，实现从0到1的突破。这个过程会因为每个人的背景基础、过往积累和作品质量的不同而有所差异。但毋庸置疑，时间的堆积、持续的用心都是必不可少的。

世上任何的成功都一定是量变引起质变的结果。那么从现在开始，你就可以开始为这个0去做准备。从0到1的积累不是一蹴而就的，请不要忽视一年的力量，更不要忽视十年的力量。从现在开始未雨绸缪地提前布局和入场，时间会给予你意外的回报和惊喜。

第 8 章

家庭力——智慧家庭

8.1
↑
婚恋关系：到底先成家还是先立业

大部分人在大学毕业后的不同的时间点，都会先后走入婚姻殿堂，成立家庭并生儿育女，因此人生除了事业发展这条主线，又多了一条家庭发展线。此时，除了继续在职场打拼，你还需要面临如何适应婚姻生活，处理好夫妻关系，以及如何培养亲子关系，这些关系对促进事业发展的重要性不言而喻。

这一章是高效成长模型中的最后一力——家庭力，也就是跟你一起探讨如何能客观而理性地处理好婚姻和家庭关系，真正实现"工作是为了生活"这个最终目的。

我的私教学员中既有三十而立的已婚人士，也不乏毕业几年还处于单身状态的都市青年。我除了辅导他们的职业发展，他们也会询问我关于情感和事业如何抉择的问题。比如典型的问题是，到底是先发展事业，还是先考虑结婚？简言之就是，先立业后成家，还是先成家后立业？

我为学员们有心发展事业，在职场上不甘落后而鼓舞，也为他们对婚姻和家庭的重视而欣慰。这一节，我就来跟你分享这个方面的内容：

— 为什么古有"先成家，后立业"的说法？

—　成家和立业矛盾吗？

—　成家和立业，我的观点和建议。

8.1.1　为什么古有"先成家，后立业"

"先成家，后立业"一直存在于很多人的头脑中，尤其是很多长辈都对此非常提倡。这个想法并不是今天才有，其实在久远的古代，古人们就非常推崇这个理念。那时成家的时间是法定的，而立业的时间并没有法定。当成年礼成之际，嫁娶同时也成为法定义务。成家的参照时间是成人礼后，各朝各代的成人礼时间也不相同。

另外，古代的父母与今天的父母一样都会催婚，古代适婚而未婚者，赋税增加，父母受罚，甚至会处以死刑。虽然大将军霍去病曾发出豪言壮语，"匈奴未灭，何以家为"，但这毕竟是极少数人。

古人先成家后立业的大体原因如下。

1. 增加人口的需要

古人的平均寿命较短，因为当时生产力低下、经济落后、粮食产量低下，老百姓无法吃饱穿暖，生活十分困顿。同时因为自然灾害频发，人们经常流离失所，过着朝不保夕的贫穷日子。再加上苛捐杂税的名目繁多，人们生活负担沉重，身体素质低下，经常生病，但因没钱治病，所以只能顺其自然。由于医疗条件落后，人们就算想治疗也得不到有效救治，最后导致整体的平均寿命较短。

寿命短暂，人口不断削减，就需要大力增加人口，这就迫使古人在成家立业的选择上，更倾向于早早结婚成家，以满足人口的增长所需。

2. 增强国力的需要

不管是发展经济还是应对战争，都需要大量的劳动力和战斗人员。而古时战事频发，导致大量人员伤残和死亡，这就要求不断有新的人员进行补充。而越多的人投入战争，则从事劳动生产的人就越少，这使得对劳动力人口的需要也显著上升。

为了应对战争需要，同时摆脱经济落后的局面，发展农业生产，增强国力，就需要人们要先成家后立业，繁衍子嗣。

3. 传宗接代观念的影响

古人延续香火传宗接代的思想观念根深蒂固，正所谓"不孝有三，无后为大"，认为没有后代传承香火是最大的不孝。所以，成家的核心功能是生育功能，内核是为了传宗接代、延续香火，保证一个家族生生不息。延续香火的观念在当代农村仍然非常盛行，即便年轻人还没有"立业"，也要先成家，将生育和传承的功能发挥出来。

4. 社会安定的需要

古人认为"男有室、女有家"后，男人才会安心求取功名，开创事业，为国尽忠；女人才会心有所属，身有所依，安心相夫教子和照顾家庭。家庭关系稳固，整个社会也才能更加稳定和谐。

为了解决人口出生和男子婚配问题，减少"剩男""剩女"这种社会现象的出现，有的朝代提前了女性的婚配年龄并强制出嫁，有的设立官媒强制男娶女嫁，甚至颁布了对抗拒不婚的"剩男""剩女"的处罚条令。

比如，汉朝惠帝时期规定"女子年十五以上至三十不嫁，五算"。所谓"五算"，就是要缴纳五倍的人头税。《晋书·武帝纪》记载，司马炎曾要求女孩子到了17岁，如果父母不肯将闺女嫁出去，那么地方官府就要给她找丈夫强迫其嫁人。到了南北朝时期，还出现了如果女孩适龄不出嫁则犯法的规定，女子不及时出嫁，家里人都要跟着坐牢，这就是《宋书·周朗传》中所说的"女子十五不嫁，家人坐之"。

理解了古人之所以提倡"先成家、后立业"的历史背景和渊源后，我们就可以更加客观地分析出当代社会的年轻人该如何选择是比较恰当的。

8.1.2 成家和立业矛盾吗

从现代社会法制的角度考虑，"成家"是指男女双方在民政部门领取结婚证后，形成法定夫妻关系的一种行为。而"立业"是指进入社会谋求一份工作，并不断进行职业发展，取得一定的成就或赢得一定的声望。

古时推崇"成家立业"无可厚非，但是随着人类历史进入

现代文明社会，人们的观念也在不断发生改变，"先成家，还是
先立业"也随之变成了一道针锋相对的辩论题。

1. 先成家还是先立业

支持应该"先成家，后立业"的理由如下：

— 当一个人在工作上遇到困难和挫折时，家庭可以作为
  避风的港湾。而伴侣的理解和支持，也能成为促成工
  作进步的驱动力。

— 从责任上看，成家之后意味着多了一份担当，此时要
  考虑的不仅仅是自身，还包括整个家庭，这将促进夫
  妻双方提升家庭责任感，更有利于推动事业心和上进
  心，获取更大进步。

— 过于专注事业，可能会错过很多段姻缘，等到年龄大
  了才发现错过了成家的最佳时间，甚至生育的最佳时
  间，这会给社会的稳定和健康发展带来不利影响。

支持应该"先立业，后成家"的理由如下：

— 可以为成家提供充足的经济来源，在择偶时可以具备
  更好的物质条件，同时也有财力更好地赡养老人、养
  育子女，能为家庭提供强大的经济支撑，也能保障家
  庭健康与和谐。

— 为成家提供更好的精神准备。在事业打拼的过程中锻

造出的坚韧性格，与恋爱关系中的另一方经过时间的磨砺和考验，共同在风雨中成长和进步。经过时间和阅历的考验最终走到一起组建家庭的夫妻，会对来之不易的婚姻更加呵护备至。

— 先聚焦事业发展，更有利于事业的成功。快节奏的现代生活中，一个人的时间和精力非常有限，过早地投入家庭生活很可能被家务琐事牵扯精力，而先立业则大大提高了时间和精力的集中程度，从而可以更好地化解分身乏术的难题，使立业更加有效。

以上这两种观点看上去似乎是矛盾的，但经过仔细思考和研究，你会发现他们说的都有道理，那么到底该如何抉择呢？哪个观点更正确呢？其实，如果你说有些人因为先结婚，事业才获得巨大成功，那么我可以马上给你举出一个反例——因为过早走入家庭，从而导致事业平庸的个案，反之亦然。所以两种观点并没有绝对的对错之分。

2. 先成家还是先立业的参考因素

从以人为本的科学发展观上来看，决定到底是先成家，还是先立业，有以下 7 个因素可以参考。

（1）个人性格和价值观

你的性格和价值观，以及对未来人生的追求，将决定着你在成家和立业二者中如何做出选择。比如，有的人性格比较保守，凡事求稳，没有特别多的想法和抱负，渴望早日获得稳定的情感和家庭，那么这种人就适合先成家，再慢慢谋得事业的进展。而有的人思想比较独立、开放和跳跃，对未来有很多规划和想法，想要走出原有的生活圈子，去外面的世界闯荡和经历，这样的人就更适合先去追求事业，待有了一定的社会基础后再进入婚姻。

（2）父母的经济基础

如果你父母的经济条件并不好，甚至需要你的接济，此时你不大可能会把精力放在谈恋爱结婚上。对你来说，当务之急更倾向于把工作和事业先理顺，有一份稳定的收入，等事业发展有点眉目后再谈婚论嫁。

（3）个人阅历影响婚姻观

有的人恋爱经历比较丰富或者复杂，并不急于马上用婚姻的形式将自己固定在家庭的范畴内，他们可能更在意恋爱过程中的私人感受。对于这一类人来说，他们并不想当然地认为恋爱就必须马上结婚。有的人恋爱经历很单纯，甚至只谈过一次恋爱就认为对方是结婚对象，所以他们就更倾向于早点结婚。由于这两种不同的阅历，决定了不同的人对待是否早日成家有不同的倾向性。

（4）是否有恋爱对象及对方的态度

这往往也会影响到一个人的选择。比如对于一个毕业之际就已经有恋爱对象的人来说，成家的压力马上就会袭来。尤其对于一个女生来说，可能更需要男方通过结婚的方式给自己一个坚定的承诺。

（5）个人的职业规划

如果你对于自己未来的职业发展有相当清晰的想法和规划，比如在多少岁的时候要进阶到一个什么级别的岗位、达到多少年薪等，就会比较容易心无旁骛、按部就班地去实现这个目标。在你心目中，恋爱结婚的优先级就没有那么高，你更愿意将事业先发展到一定的高度，也就是先立业。

（6）父母的价值观影响

父母对于成家和立业持有什么样的观点，也会潜移默化地影响到下一代的就业和婚姻选择。如果你的父母本身就是早婚早育的典范，那么他们通常也会鼓励子女先找到对象，并尽快成家，这样会让自己更快地稳定下来，然后再慢慢谋求事业上的进步。

（7）是否持有传统观念

如果一个人对于传宗接代、先成家后立业这些观念非常认同，并且在步入社会工作以后，把更多精力用于寻找适合的伴侣以及相处上，这样的人就会比较早地组建家庭，生儿育女，完成"先成家"这项任务。

8.1.3　我的观点和建议

成家和立业是一个彼此相互影响的过程。它不是非此即彼、"鱼和熊掌不可兼得"，而是"鱼和熊掌都可兼得"，尤其对于优秀的人来说，他们会更倾向于事业和家庭都获得圆满的状态。

从战略上来讲，成家和立业从来不矛盾也不冲突，两手都要抓，两手都要硬。但从实际操作上来讲，人的精力毕竟有限，几乎不可能同时把两件事都做得尽善尽美。在不同阶段，成家和立业确实是应该有所倚重，有不同的侧重点。

对于我来说，会更倾向于把"立业"看得稍微重一点。但并不是只顾着事业，完全不考虑情感，可以先以事业和工作为重要的那个方向去进行发展，同时不排斥有感情缘分的到来。

对于普通人来说，尤其是家庭经济条件一般甚至不好的人，在自己还没有办法在社会上立足时，就开始走入婚姻，担负起家庭责任，那么我问你，你应该找什么样的另一半呢？

从现实的角度来看，大部分人其实都在默默地用"门当户对"的理念在找对象。这里的"门当户对"并不完全是古时候所讲的含义，而是指恋爱对象双方的学历、背景、价值理念、经济收入、社会地位等方面要处于均衡地位。这样在日后的交往中彼此才能处于平等地位，有着相近的生活品位、趋同的价值观和婚恋观，以及平等的话语权，婚姻生活才能长久。但如果双方在以上各方面并不对等，"条件差"的一方不仅很难会有机会进入对方的圈子，即使因为机缘巧合走到了一起，也很可能会因为理念观点和生活方式的差异，导致出现一定的矛盾，从而影响两个人的感情。

在真实世界中，即使你的收入或者事业状态不佳，大抵也可能会出现恋爱的机会，但你是否明白，那些能看上你的人，大多要么条件不如你，要么跟你的条件差不多，就算有个别比你条件好的，对你也可能是出于某种程度的施舍或同情。这几种情形是你想要的情感状态吗？这样的人是你想要的理想对象吗？

换个角度思考，当你工作各方面发展顺利，小有成就，拥有一定的经济条件和事业基础，那么你对于婚姻对象的选择空间和余地，是不是会更加广阔，选择面更大？

这个时候，你能接触到更加优质的圈子，认识和吸引到更加优秀的人才，有机会在这些更高的平台上与你的另一半风云际会。与优质的伴侣结合，这样是不是也能为下一代的抚养和教育提供较高的起点？同时，在发展事业的过程中，你可能会经历挫折和低谷，会经历相聚和别离，会逐渐筛选和寻觅到愿意在逆境中陪伴你左右，跟你同甘共苦的人。你们彼此陪伴，又不会被太多成家后的琐事缠身，同时因为彼此双方都能有自己的空间和事业，所以也不会过度依赖彼此，束缚对方的发展。当你们的事业都达到各自阶段性的稳定后，组建家庭就是顺理成章的事，由此建立的家庭和婚姻也会更加稳固。

所以，对于家境一般或者贫寒的普通"草根青年"来说，不妨把成家这个事情放在略微晚一点再进行，先全力以赴把自己的事业发展起来。让自己拥有能自主做出更多选择的权利和资本，在合适的时机遇到合适的职场贵人，对你来说才是最重要的。当你的经济条件转好，事业有所成就之时，你整个人都是精神焕发、充满自信的，气质都会跟以前完全不同，这么一来自然就会吸引到更加优质的对象。

没有经济基础，爱情就是空中楼阁。婚姻并非儿戏，仅凭一时冲动的想法和彼此的"海誓山盟"是远远不够的。婚姻不仅需要彼此感情的升华，更需要有责任感，有担负起家庭重任的担当和勇气。

如果两个人没有固定的经济来源，还不能一起独立负担家庭的支出和未来，比如，房贷、车贷、食物、水电煤等各种生活开支，那么婚姻的维系将变得举步维艰，从而最终动摇家庭的稳定性。

另外，现在很多年轻人为了谋求更好的发展机会，会选择背井离乡去大城市发展，这已经变成一种新常态。但如果恋爱双方的工作还没有着落，前途未卜，甚至连工作地点都没有定下来就匆忙成家，婚后才发现外地有非常适合自己的职位，那么到时候又会面临再一次的取舍和选择，陷入两难境地。

当然，试着在爱情和事业的发展过程中寻找平衡点也是一个不错的尝试。比如双方在大学毕业后感情稳定，在家庭和工作方面的观念比较一致，那你们在找到一份稳定的工作后，也可以一边规划大的事业发展，一边组建家庭，细致地规划两个人将来的小家。

综上，无论你推崇"先成家，后立业"，还是"先立业，后成家"，都请不要忘记，只有秉承"终身成长"的理念，在个人发展方面不断进步，才能具备随时做出各种选择的资本和底气，活出你最闪闪发光的样子。

8.2

↑

伴侣关系：为什么要"势均力敌"

步入婚姻殿堂后，是不是爱情就进了保险箱，万事大吉了呢？作为妻子，是不是可以专注于家庭生活，从而放弃个人对事业的追求呢？婚姻伴侣关系到底需要如何经营，才能走得更长远呢？

《罗辑思维》中曾经有过这样一段话，我深以为然：

在包括婚姻关系在内的所有合作关系中，都可以用增量思维来解决问题，引入新变量，建立新目标。比如二人世界是存量，共同养育孩子就是"引入增量"。

又比如日常生活是存量，夫妻二人一起做计划离开熟悉的环境去海外读一年书，或进行一次长途旅行就是增量。不要在存量中试图寻找平衡，那样的平衡永远不会形成，有的只是伪装成平衡的"妥协"。

这段话初读起来不太好懂，我将其翻译成通俗易懂的语言并做进一步的拓展：

在一段婚姻关系中，无论当初双方多么相爱，但如果双方固守不变，不能继续给这段关系注入新的活力、新的方向、新的目标和新的模式，那么这段关系表面上的维持或平衡就是非常脆弱甚至危险的。

　　为了进一步诠释这个道理，我拿曾经热播的电视剧《我的前半生》来举例说明，相信你会有更为直观的感觉和理解。该剧主要讲的是生活优越安逸的全职太太罗子君，丈夫陈俊生出轨并向她提出离婚后，在朋友的帮助下重新出发，进入职场，在自我成长中走向人生下一程的故事。反感罗子君的人说，罗子君被丈夫抛弃是因为她婚后养尊处优，不思进取，活该被甩；支持罗子君的人则说，她作为全职太太操持家务非常不容易，却走了霉运遇到渣男和负心汉，所以才被婚姻抛弃。

　　在我看来，婚姻关系是双方的契约，如果说出现了问题和裂痕，甚至走不下去，那么任何一方都脱不了干系，不论是罗子君还是陈俊生。

　　这一节，我们会分享如下四个方面的内容：

—　婚姻契约的履行，需要双方的"势均力敌"。

—　成长是自己的事情，不能依赖他人。

—　双方都要为关系质量的提升付出努力。

—　名存实亡的婚姻，到底是要还是不要？

8.2.1 婚姻契约的履行，需要双方的"势均力敌"

婚姻首先是建立在双方平等，尤其是人格平等的基础之上的。在这方面，剧中的罗子君和陈俊生婚姻的建立是没有问题的。婚后陈俊生要求罗子君做全职太太，照顾家庭和孩子，这也无可厚非。这桩婚姻本来有一个非常好的起点和开端，他们的世界似乎是和谐且美好的。但后来又怎么会出现问题，并最终导致二人分道扬镳呢？

罗子君做全职太太没有什么错，但是"全职"并非"全享"（享受）、"全乐"（挥霍）或"全美"（扮美）。全职在家不意味着妻子离开职场回归家庭后，从此就进入了无忧无虑的伊甸园，就可以由着性子肆意撒泼、挥霍金钱或是成为"全职侦探"。

"全职"二字中既然有"职"，就需要罗子君以"职业"的态度去对待自己的新角色、新岗位，用心去琢磨如何将"全职太太"这份工作做好、做深、做细，而不是放手不管或是推卸给他人。

相信恋爱之初，陈俊生和罗子君一定是情话绵绵、无话不谈，信任并欣赏对方。但是婚后，当陈俊生发现罗子君的全职太太做得并不合格，甚至与他的初衷背道而驰时，他并没有和子君进行积极有效的沟通，真实表达自己的想法，反而开始嫌弃厌烦，任由罗子君朝向相反的方向狂奔，而自己则将情感重心置于婚外，寻求外部刺激。

都说"家是避风的港湾"，那么在竞争激烈的职场中，当陈俊生面临来自各方面的压力，想要找寻自己的"避风港"时，却发现自己和罗子君打造的家非但不是一个"避风港"，反而是二人的噩梦——充满了抱怨、猜忌和争吵。

双方在家庭和婚姻关系的理解上出现了严重偏差和失衡，最终使这个家分崩离析，二人从此渐行渐远，形同陌路。

夫妻二人在家庭和婚姻的建设方面都发挥着不可替代的作用，对家庭的贡献形式也许不同，但并无高低贵贱之分，是一种"势均力敌"的关系。

但是，只要有一方在关系中开始推诿责任，怠慢对方，平衡就会被打破，甚至严重时还会出现崩塌，更何况像罗子君和陈俊生这样，双方同时打破平衡，就更会加速婚姻的毁灭。

8.2.2　成长是自己的事情，不能依赖他人

每个人都需要成长，而且是不断的成长、蜕变、升华。没有一种成长是和风细雨的，成长的过程是痛苦的、撕裂的，需要和过去陈旧的、稚嫩的自己告别。罗子君和陈俊生也一样，他们在婚姻中面临着个体成长和共同成长的双重挑战。

然而，全职在家的罗子君，好像除了花钱和穿衣打扮，对其他事情既没有兴趣，也什么都做不好。她不愿意好好辅导孩子的功课，也不曾为了孩子去提升自己的知识水平，她所理解的"全职太太"真的就是全职负责享乐的。

我身边也有一些朋友是全职太太，她们专心于自我修养、孩子教育、家庭理财，发展兴趣爱好，投身社区服务，并不断

拓宽视野，提升自我。朋友阿菲就是这样一个典型代表，每年全家的境外旅行计划都是由她一手操办的，从目的地选择、行程路线规划、机票酒店预订，到办理签证等事项，事无巨细地全部由她一个人搞定。为进一步了解保险理财、孩子留学规划等内容，她不仅自学了很多知识，还积极参加相关讲座，收集了许多有用的信息。在她自己的分类整理和初步分析基础上，她和先生一起深入讨论并做出决策。阿菲的高效工作帮助先生和家庭解决了很多后顾之忧。

然而，电视剧中的罗子君在这方面却做得乏善可陈，无知得可怜，既没有想法也没有意愿在自我学习和成长上投入时间和精力，岂不让人唏嘘？

再看看陈俊生，他在婚姻中同样也是原地踏步，没有成长。他起初要求罗子君全职在家，这也没什么问题，但是毕竟家庭环境和职场不同，罗子君相对来说会变得封闭一些，这就需要陈俊生对待罗子君更加包容、更加耐心，要更多地理解和体谅陷入家庭琐事中的妻子，并且要在情感和心理上给予罗子君支持和慰藉，思考自己为此能做些什么、能帮到什么和分担什么，而不是一味地抱怨或嫌弃。陈俊生在婚姻中的成长，应该是作为一个男人和丈夫所承载的担当、宽容和豁达。

每个人的成长归根结底还是需要发自内心地产生对成长的认同，也就是要有强烈的动机。外力永远只能起到推动或催化的作用，真正的变化永远来自自身。如果将自己没能获得成长和进步归咎于其他人的不作为，或是归咎于其他人没能提供足够的帮助，这和一个人没考上大学，却埋怨老师没教好是一个道理，非常荒谬。

8.2.3 双方都要为关系质量的提升付出努力

除了关注个体成长，婚姻双方更要关注的是为这段"合作和契约关系"做点什么。

具有良好的感情基础是婚姻关系和谐的前提，但是随着二人走入婚姻后，处理家庭琐事和孩子教育等日常的细碎生活就会伴随而来。婚姻双方很容易就会陷入解决和处理这些琐事的细节中，而忽略了对双方关系的进一步经营和关系质量的进一步提升。

人们的一个固有观念是——结了婚，双方的关系就仿佛进入了保险箱，即使什么都不做，婚姻的保鲜度和忠诚度也会永远都在，且不会变质。其实不然。婚姻关系是动态发展的，也是极其脆弱的，不仅因为婚姻双方在发展变化着，还因为二人同时也面临着来自外部的影响、诱惑和挑战。

电视剧中的罗子君和陈俊生都没有为如何提升关系质量、如何为婚姻持久注入新的活力和新的元素而进行积极思考和积极行动，反而单方面指望和要求对方做出符合自己期望的改变，这就是在单向索取而不想付出。

有了这样的心态和模式就注定会形成双方关系的紧张和对立，并进一步形成恶性循环，因此越对立越要求，越要求越对立。只有在孩子的世界里，才存在无理由地向大人进行索取，而大人却甘于无私奉献的情形。成年人的世界却并非如此，即便是夫妻，二人虽然已经结合，但在精神上仍是独立的个体，没有哪一方是甘于为对方无私奉献且不求索取的，这里的索取既包括物质层面的，也包括心理和精神层面的。

我们需要思考这些问题：彼此的存在对对方意味着什么？给对方的价值是什么？自己为对方解决了什么难题？如果没有这个层面的思考，自然就不会觉得每个人都需要成长，而且需要长久且持续的成长和进步。

那么，婚姻双方可以一起为提升关系质量采取哪些做法呢？

1. 培养共同的兴趣或爱好

你们可以发现并一起学习和从事一项双方都感兴趣的运动项目，比如打羽毛球、网球等双人运动。这样不仅可以增加你们在工作之余一起陪伴的时间，也能锻炼身体，增加乐趣和共同话题。

你们还可以一起阅读某个主题的书目，比如管理学、心理学等，共同提升认知和格局；也可以共同学习某种语言，彼此陪伴、监督和提升水平；还可以一起学习写作、下棋、养花等，只要是两个人都有兴趣学习和参与的项目就都可以去尝试。

2. 共同规划或完成一件事情或项目

比如你们共同制订和执行了家庭理财投资计划，当赢利时，你们可以一起庆祝胜利；当暂时亏损时，你们可以一起分析形势，做好心理建设等。这样能增加你们一起探讨和研究的时间，也会增加为了完成同一个目标，两个人都全心投入的使命感和目标感。

你们也可以规划一次全家的海外度假旅行，从制订计划到付诸实现，有很多的细节和选择需要落实。当你们怀着无比期待的心情一起敲定所有事项时，这个过程会令彼此都十分享受和难忘。

3. 共同学习某项新的技能

比如一起学习和演奏某种乐器；一起研究厨艺，为家庭做美味大餐；一起学习唱歌跳舞，为家庭增加欢乐气氛等。

在做以上这些事情的过程中，你自己不仅学到了新知识、新技能、新方法，有了新鲜的输入，更可以给对方带来欢乐、能量和积极的反馈。在这个过程中，你们双方会在无意间不断地找到对方身上新的打动彼此的地方，挖掘对方的潜力和魅力所在，从而坚定继续携手走下去的勇气和信心。

婚姻双方都有平等的责任和义务为这份契约的长久和持续而共同做出新的改变，引入新的"增量"，寻求新的动力，在享受自我成长带来的成就感的同时，更能继续享受婚姻给予的能量和愉悦。

8.2.4 名存实亡的婚姻，到底是要还是不要

让我们换个角度来思考婚姻——女性应该如何对待婚姻？每个人都希望自己拥有完美而长久的婚姻，但因为各种各样的原因，当婚姻出现问题，甚至处于名存实亡时，到底该不该

坚持？

先来看看到底所谓"名存实亡的婚姻"，有哪些情况？

—— 一见面就吵架，常常闹离婚。

—— 夫妻一方或者双方有了婚外情。

—— 彼此算计，打自己的小算盘。

—— 长期两地分居，越来越不想联系。

当婚姻出现上述问题时，如果双方感情还没有完全破裂，那么可以通过深入沟通，调整心态，彼此谅解或原谅，想出具体的解决办法。但如果无论如何，一方或者双方的心都不打算重新回归家庭，那么这段婚姻就是真的名存实亡了。

在我看来，继续维系这种婚姻，女性失去的是平等、尊严和自由。但即使家庭已经名存实亡了，依然会有女性死守着不愿意离婚，这已成为中国式婚姻的一大特色，女性这么做到底是出于什么理由？

其实无外乎是以下六方面的原因：

1. 为了孩子

对于有孩子的家庭而言，女性之所以不想离婚，是出于保护孩子的心理。为了让孩子能见到父母双方，不会面对一个破碎的家庭，拥有良好的身心发展，她们宁愿委屈自己，也要为孩子保留一个形式上完整的家。

2. 为了面子

有些女性认为离婚就意味着自己的婚姻遭遇了失败，是一件非常丢脸没面子的事，日后实在没脸再见亲朋好友，因此她们宁愿死要面子活受罪，宁可维持婚姻的躯壳。

3. 出于自卑

有些女性在心理上懦弱和自卑，她们担心离婚后会被社会嘲笑和歧视，会被人耻笑是因为自己有太多缺点所以才被丈夫抛弃，从此失去做人的尊严。

4. 经济问题

有些女性不工作没有收入，或者工资微薄，或者生活品质过高，自己在经济上无法完全独立，过度依赖丈夫的收入，那么一旦离婚，她们就担心自己会从此失去生活来源，或者无法维持原来的生活水平。因此宁愿维持表面上的婚姻，来支撑自己的生活需要。

5. 担心未来

这部分女性是从现实角度来进行考虑的，她们担心离婚后，自己的各方面条件已经不如结婚前，想要再婚时选择空间小，找到理想对象的难度太大，甚至可能会找不到对象重新组建家庭。

6. 失去信心

她们对未来不抱希望，认为其他男人也不过如此，跟谁过都一样，那还不如跟目前的丈夫凑合过日子，彻底放弃理想婚姻。

仔细分析上述理由，除了第一点是出于对孩子的考虑，其他几点基本上都是出于对自己和未来没有信心而导致的。因为没能力、不自信，甚至没收入，她们勉强维持着一段腐朽的婚姻，表面上没有失去什么，而真正失去的恰恰是用金钱买不来的身体和精神上的平等、尊严和自由，也包括爱和被爱。

张爱玲在《烬余录》里说："时代的车轰轰地往前开。我们生存在车子上，经过的也许不过是几条熟悉的街道，可是漫天的火光中也自惊心动魄。

就可惜我们只顾在一瞥即逝的店铺的橱窗里找寻我们自己的影子……谁都像我们一样，然而我们每个人都是孤独的。"

身处机遇和挑战并存的大时代，女性真正的觉醒一定是由内而外的，修炼自我，提升自我，让自己具有不可替代的价值，而非将自己的命运交付他人。

我的看法是，对于职场女性来说，要拥有经济独立的地位，能支配自己的生活、事业和人生，要珍视自己独立的精神和人格；对于全职太太来说，不要天天宅在家里睡懒觉、打麻将、看肥皂剧，可以做自己喜欢的并能让自己获得成长和精进的事情，不要放弃把自己变得更加美好的机会。

我很喜欢这样一句话："当你爱自己时，对他人的索取与控制也会放松。而放下对他人的期待，你又会少了许多痛苦。"

美好的爱情和婚姻，是势均力敌的。你很好，我也不差，如此白头偕老就好。

8.3

↑

孩子教育：加法和减法的艺术运用

随着新一代父母文化水平的不断提高，他们对孩子的教育质量也越来越关注，尤其对学龄前教育的重视已经到了一个新的高度。

每到周末，你会看到各个早教机构都门庭若市，父母带着孩子参加艺术、体育、口才、书法等各类兴趣班，参加完一个又开车赶往下一站，仿佛担心自己的孩子会输在起跑线上，因此全方位地支持孩子在各方面的投入和培养。我自己也曾经如此，在周末不辞辛苦地把孩子送入兴趣班的洪流中。

对于这种现象，有人支持，认为未来社会是人才竞争的社会，如果从小不打好基础，多学知识，以后就会变得没有任何竞争力；也有人反对，认为要还孩子一个天真快乐的童年，不要过早剥夺了属于孩子的烂漫时光。

到底孰是孰非？这一节我将结合自己的亲身经历，跟你一起探讨这个话题。到底该如何看待孩子的教育问题？到底要不要给孩子报兴趣班？包括如下几方面内容：

— 要不要给孩子报兴趣班？

— 孩子的兴趣从何而来？

— 父母的陪伴是孩子成长的关键。

— 如何面对孩子的中途放弃？

— 做减法不是失去，而是得到。

8.3.1 要不要给孩子报兴趣班

想起儿子的早教经历，其实我还有很多的感悟和收获。

记得他 5 岁左右，我前前后后给他报了 9 个兴趣班，包括 7 个线下课、2 个线上课。乍一听，你是不是觉得兴趣班太多了？而且会有如下一连串疑问：

— 为什么报这么多班？孩子不累吗？

— 孩子喜欢上吗？是不是到最后"样样通、样样松"？

— 你问过孩子自己愿意上这些课吗？

— 参加这么多兴趣班，到底对孩子有没有用？

对这些问题我一点都不陌生，也不意外，因为在没给孩子报兴趣班之前，这些都是我问过自己很多遍的问题。后来我经过不断摸索和实践，看着孩子收获了点滴进步，慢慢成长，我对这些问题逐渐有了清晰的理解和认知。

要不要报兴趣班？父母的考虑大致有以下三个方面。

1. 补短

如果你觉得孩子在某方面对比同龄人有所欠缺或不足，为了改善或纠正孩子的不良现状，选择了相应的课程予以弥补，这一类是应该给孩子报的班。比如孩子体能差，不会跳绳，达不到班级要求的标准，可以报班进行有针对性的提高。

2. 培优

你的孩子在某方面已经做得不错，基础很好，你想让孩子在这个领域继续提升水平，实现从优秀到卓越，那么如果你的经济条件和时间都允许，可以选择报班。

3. 兴趣或特长

你的孩子如果在某方面有天赋或强烈的兴趣爱好，想要接受专业训练，形成该领域的特长或才艺，如果你的经济条件和时间都没问题的话，鼓励报班上课。

针对儿子的天赋和兴趣，我给他报了如表8-1的课外兴趣班。

表8-1　儿子的兴趣班

兴趣班	原因
体能训练课	补短
感统学能课	补短

续表

兴趣班	原因
游泳 1 对 1 课	补短
乐高搭建课	补短
口才演讲课	培优
英语口语课（线上）	培优
数学思维课（线上）	培优
创意美术课	兴趣
钢琴 1 对 1 课	兴趣

前三项兴趣班偏重于运动类项目，是在补儿子的短板，因为我发现孩子虽然爱玩，但是体能经常跟不上，不爱爬山，不爱踢球，爬几阶楼梯就喊累，这方面比较欠缺，需要及时锻炼加以弥补。孩子的体能不够用，说明身体素质较差，那么不仅在小学阶段的体育课无法达标，更没有本钱应对未来愈加繁重的课业负担。

后来儿子上了小学，在班级体育课测试上，每分钟跳绳能达到 160 个，是全班最多的，仰卧起坐和跑步成绩也名列前茅，证明我们早期加强体能的训练是正确的。

另外，儿子小时候比较好动，专注力时间短，规则意识不强，于是我给他报了感统学能课，就是专门帮助孩子建立秩序感，提高专注力的课程。在我看来，体能的提升、身体素质的增强，以及专注力和规则感的建立，是学龄前阶段必须帮助儿子改善和纠正的，是必须要上的课。

儿子在幼儿园时，英语、数学和演讲口才这三方面的学习和表现都还不错，参加这几个课外班属于培优类，希望通过课外思维的拓展和延伸，让孩子拥有更大的视野和学习半径，学得更加深入。而参加美术和钢琴课，属于发挥孩子的兴趣特长类的课程，希望孩子在掌握一门技能的同时，更能培养艺术修养，陶冶情操，做一个有生活情趣，能自娱自乐，乐观活泼的人。

所以，父母在考虑给孩子报兴趣班时的首要问题就是要想清楚：参加这个班能解决孩子的什么问题？想清楚了，才能有的放矢地筛选优质教育机构，选择适合孩子水平的课程。

当然，如果孩子在某方面有一些不足，你不想通过花钱报班的方式解决，想要通过免费资源或更经济的方式来取得改善，也不是不可能。比如，你想提高孩子的体能，就可以利用充裕的周末时间，带着孩子踢踢球、跑跑步，父母一方若是本身就热爱体育运动就是最好不过了，能在寓教于乐中带动孩子爱上运动，通过这种方式，同样可以达到提高孩子身体素质的目的，同时还节省了一笔开支。

其次，在考虑为什么报兴趣班的时候，你可以理解为我们是在"请专业的人干专业的事"。

比如，说起 10 以内、20 以内的加减法，所有家长都会。但越是简单的问题，越难以教会孩子。因为家长不专业，所以无法理解小朋友的思维模式，不懂得对儿童有针对性的教学方法。而早教机构的老师则不同，他们有一套集娱乐、兴趣和知识点于一体的独特的教学方法，能让孩子在玩中学，学中玩，不枯燥，不抵触，还能体验集体学习的快乐。

报兴趣班要结合家庭的经济情况，量入为出。经济条件有限的话，一定要选择最需要解决和改善孩子现状的课程。

好奇和求知是孩子的天性，如果孩子觉得学习是一件痛苦的事，那么错不在孩子身上，而是在成人身上。如果父母把过于功利和急躁的心态传导到孩子身上，孩子不抵触才怪。

8.3.2 孩子的兴趣从何而来

我经常看到一句话："必须尊重孩子的兴趣。"这句话听上去有理，但细琢磨又不对。如果孩子都不知道这个世界还有这项体育运动，还有那种兴趣爱好，又怎么知道自己喜不喜欢，有没有兴趣？家长对孩子兴趣的尊重又从何谈起？

对于几岁的孩子来说，对这个世界的认知非常有限，父母给他们看到多大的世界，打开多大的门，他们的世界就有多大，眼界就有多宽。尤其在学前阶段，家长可以尽可能创造机会，让孩子去接触和体验不同的爱好、兴趣和活动，从中发现孩子具备哪些天赋，对什么事物更有热情和动力等，这些都可以作为给孩子报相应兴趣班的参考因素。并且现在很多课程都有免费的体验课，父母可以充分安排利用好这些机会，带着孩子多去体验和尝试。

儿子当时不爱运动，但是这并不妨碍他很喜欢上体能课，每次在场上都能看到他跟小朋友一起赛跑，即使跑得很用力，他还是最后一名，但他非但不失落，反而总是一脸开心的笑容，我心中由衷地为他鼓掌，因为在克服困难、迎接挑战的过程中，他体会到了乐趣，也慢慢建立了信心。反过来说，如果就因为他不爱运动，我就因此判断他不适合运动，只适合宅在家里，其实就抹杀了一种可能性，一种通过专业训练，仍然能激发孩子运动乐趣的可能性。

儿子四岁的时候开始接触创意美术，最初他坐在椅子上根本坐不住，画笔拿得很不标准，涂抹出来的线条完全没有美感。但我当时的想法是，一个小时坐不住，就试着从半个小时开始，慢慢延长时间。画不好没关系，只要他愿意涂鸦，愿意去上课就可以。所以，我们没有放弃，辗转上了三次体验课，跟兴趣班老师磨合了几次，最终报名。后来儿子不仅坚持了下来，而且喜欢上了画画，进步很大。他的画作细节和想象力非常丰富，充满艺术气息。我并没有奢望儿子能成为画家，但是能拿着画笔，画出自己的所见所想，任意挥洒自己的想象力，不就是小孩子最开心的事吗？

父母的责任不是将自己的想法强加给孩子，而在于协助孩子站到自己的肩膀上，这样孩子才能看到更大、更广阔的世界，才有能力、有机会做出更好的选择。

爱学习是孩子的天性，而呵护他们的学习兴趣是父母的使命。帮助孩子接受各种知识信息的刺激，比如音乐、绘画、戏剧、舞蹈、天文、地理的启蒙等，发展孩子对自然、形体、色彩、质感的感知，不管他们是不是天才，这么做最终也会使孩子的心灵受益和成长。

我非常认同混沌理论关于这一点的论述：在合适的年龄，给予孩子足够的信息刺激，如果孩子具有某类天赋，那么他就会打下基础。

当孩子成长到某个年龄时段，这样的优势会被凸显起来。每个人的初始条件，也就是他接收信息与环境的不同，会使得他们在今后的社会竞争力方面的差别也很大。

8.3.3　父母的陪伴是孩子成长的关键

不少父母以为把孩子交给兴趣班，孩子自然而然就能学到知识，获得提高，其实这是非常大的一个误区。

所谓"功夫在诗外"，孩子们在兴趣班学到的新知识和技能，如果在课后得不到巩固，那就很容易导致知识掌握得不牢，甚至被遗忘。父母是否能在课后高质量地陪伴孩子，引导孩子将兴趣班所学的知识活学活用，勤于复习，帮助孩子将知识固化下来，这才是孩子是否能真正获得提高和成长的关键。

儿子在数学思维课的学习中认识了时钟，起初他对时针、分针、整点、半点的概念理解得糊里糊涂，比如6点半，时针和分针都指向6，但是必须记做6：30而不是6：6，要读成6点半，而不是6点6分，这对孩子来说，理解起来相当困难。

为了帮助孩子进一步理解，我们就经常拿着课程提供的道具钟跟他一起玩。一开始，我们会摆好时间让他认和读出来，接着我们说一个时间，让他摆出时针和分针相应的位置，然后又练习让他摆出来3个小时以前是几点，5个小时以后是几点的指针位置。如此又玩又学，反复训练，一段时间练下来，儿子就熟练掌握了如何看钟表。

英语的学习也是一样，不能仅仅满足于一周上两次课，要在日常生活中学会应用。比如儿子对吃的东西很感兴趣，课上学了关于食物的一些句子和词汇，breakfast（早餐）、lunch（午餐）、dinner（晚餐）等。

吃早餐时，我就问他："What's your favorite meal？"（你最喜欢吃哪一餐？）"Breakfast."（早餐。）儿子开心地脱口而出。

"如果能完整地说一遍句子就更好了。"我紧追不放。儿子自豪地回答："My favorite meal is breakfast！What's your favorite meal, Mommy？"（我最喜欢的一餐是早餐，妈妈你最喜欢吃什么？）小家伙学会反问我了，是不是很有成就感？

没有父母的陪伴、复习和督促，单靠每周兴趣班上的时间学习就期待孩子能在这方面获得突飞猛进的进展，是完全不现实的。一个人的时间花在哪里，成就就在哪里，对时间的态度，决定了人生的高度。这句话同样适用于父母把时间花在陪伴孩子身上。

资质平庸的孩子如果还缺少父母的监督和鼓励，那么就算参加再多的兴趣班，也不会有想象中的自由快乐和勤学苦练后的成果，更无法享受成功带来的喜悦。有了父母的陪伴，才能让孩子收获真正的成长。

8.3.4　如何面对孩子的中途放弃

孩子对新事物感兴趣，有"三分钟热度"是个普遍现象，一开始参加兴趣班时非常有热情，积极投入，但随后却可能出现畏难情绪或者想要中途放弃。此时，到底是听之任之，还是不顾孩子的感受，强行继续呢？其实两个极端做法都不利于孩子的身心发展。这个时候，更考验家长的耐心和智慧。

人这一生，其实就是一个不断从舒适区跳出来，迎接下一个挑战，当挑战变成舒适区时，再次跳出来的螺旋式上升的过程。

大人如此，小孩亦然。如果孩子从小在面对困难时就逃避退缩，做任何事都浅尝辄止，甘于舒适，而家长也没有进行正确引导，反而不断迁就，那孩子又有什么品格和毅力去面对未来学业和人生的其他挑战呢？

那些闹着要放弃的孩子，通常在被答应后并不会感到如释重负的快乐，反而会觉得怅然若失。所以当孩子出现松懈、倦怠的时候，父母要多跟孩子沟通，看看到底问题出在哪里，而不是放任自流或指责埋怨孩子。抱着平和的心态，观察一下是不是因为学习频率过高、难度大、进度快，或者老师不合适等，然后跟老师主动沟通协调并做相应调整，重新激发孩子的学习热情。

孩子可以学得慢，但是要巩固好他们的自信心和安全感，这样他们在将来的学习中才不会轻易否定自我，也不会为了讨好谁而去学习。

8.3.5 做减法不是失去，而是得到

有个专家曾表示，报不报兴趣班本身并不是问题，关键是家长如何看待兴趣班，是抱着怎样的心态让孩子学习的。我很认同他的观点。

抱着希望为孩子增加一些乐趣，长一些见识，那么去这些地方本身就会让孩子们增加知识与修养，学会与人沟通，开发潜能。

儿子还在幼小衔接阶段的时候，基本没什么学习任务，所以我愿意给孩子更多尝试不同事物的机会，而他也乐在其中，每一门课都很喜欢。经常是还没到周末，就开始叨叨兴趣班小朋友的名字，想要见到大家，一起开心地玩耍和学习。学龄前或者小学三四年级前，孩子的作业负担不重，给孩子报兴趣班可以采取广撒网的模式，但要记得收回来。当孩子有能力管理自己的时间并有明确的喜好后，可以引导他们精选两三门感兴趣的课程进行持续的深度学习。

给孩子报兴趣班是做加法的过程，目的是给孩子带来更宽的眼界和视野；而随着孩子深度学习能力的提高，就要开始对兴趣班做减法，把孩子有限的业余时间更聚焦在他们真正感兴趣的事物上。

做减法不是失去，而是得到。人生就是在不断推倒重建中，一次次体验生活的真谛，并逐步完成了认识自我的过程。而我很开心，能作为妈妈全程参与了儿子成长的每一步。